Ignaz Philipp Semmelweis

Offener Brief an sämmtliche Professoren der Geburtshilfe

Ignaz Philipp Semmelweis

Offener Brief an sämmtliche Professoren der Geburtshilfe

ISBN/EAN: 9783743365483

Hergestellt in Europa, USA, Kanada, Australien, Japan

Cover: Foto ©berggeist007 / pixelio.de

Manufactured and distributed by brebook publishing software
(www.brebook.com)

Ignaz Philipp Semmelweis

Offener Brief an sämmtliche Professoren der Geburtshilfe

Offener Brief

an sämmtliche

Professoren der Geburtshilfe

von

Dr. Ignaz Philipp Semmelweis,

o. ö. Professor der Geburtshilfe an der königl. ungar. Universität
zu Pest.

Ofen,

aus der königl. ungar. Universitäts-Buchdruckerei,

1862.

In Folge des Erscheinens meines Werkes, und in Folge der Versendung der offenen Briefe, sind an mich zustimmende Briefe gelangt; einige derselben wollen wir veröffentlichen.

Dr. L. Kugelmann schreibt:

Hannover, 18. Juli 1861.

Sie hatten die Gewogenheit, mich mit der Zusendung Ihrer beiden Brochüren zu beehren, wofür ich Ihnen verbindlichsten Dank sage. Als Schüler v. Siebold in Göttingen besuchte ich von Michaelis 1851 bis Ostern 1854 dessen Vorlesungen und Klinik und ich fühle mich gedrungen Sie zu versichern, daß dieser große Gelehrte bei jeder Gelegenheit Ihrer Entdeckung mit Auszeichnung gedachte. Vielleicht verzeihen Sie dem jüngeren Fachgenossen, wenn er Ihnen gegenüber die bescheidene Ansicht auszusprechen wagt, daß ein Mann wie Ed. v. Siebold, der als Historiker unseres Faches allen Zeiten angehören wird, selbst

1 *

wenn er irrt, eine schonendere und rücksichtsvol=
lere Behandlung verdient, als jene ephemeren
Mode=Erscheinungen, die nur, die Leistungen ih=
rer Vorgänger und Zeitgenossen geschickt und un=
geschent benützend, sich als große Regeneratoren
geriren.

Gestatten Sie mir nunmehr, hochverehrter
Herr Professor, Ihnen in wenigen Worten die
heilige Freude auszudrücken, welche ich beim Stu=
dium Ihres Werkes: „Die Aetiologie 2c. 2c. des
Kindbettfiebers" empfand. Unwillkürlich fühlte ich
mich, als ich mit einem hiesigen Collegen dar=
über sprach, zu der Aeußerung gezwungen: die=
ser Mann ist ein zweiter Jenner, möchte seinem
Verdienst eine gleiche Anerkennung, und seinem
Streben eine gleiche Genugthuung zu Theil
werden.

Durch Zufall erwarb ich aus der Bibliothek
der hier verstorbenen Medicinal=Rathes Kohlrausch
Jenner's „An Inquiry into The Causes and Ef-
fects of The Variolae Vaccinae." Wie Sie aus
der darin befindlichen Autographie ersehen, ist
dies das Dedications=Exemplar, welches der be=

rühmte Verfasser dem Prof. Blumenbach über=
sandte.

Sie würden mich außerordentlich verpflichten,
wenn Sie die ergebene Bitte gewähren wollten,
diese Brochüre als Zeichen meiner unbegrenzten
Verehrung entgegen zu nehmen.

Genehmigen Sie hochverehrter Herr Profes=
sor die Versicherung meiner ausgezeichneten

Hochachtung

Dr. L. Kugelmann.

Dr. L. Kugelmann schreibt:

Hannover, 10. August 1861.

Nur sehr Wenigen war es vergönnt, der
Menschheit wirkliche, große und dauernde Dien=
ste zu erweisen, und mit wenigen Ausnahmen hat
die Welt ihre Wohlthäter gekreuzigt und verbrannt.
Ich hoffe deshalb, Sie werden in dem ehrenvollen
Kampfe nicht ermüden, der Ihnen noch übrig bleibt.
Ein baldiger Sieg kann Ihnen um so weniger
fehlen, als viele Ihrer literarischen Gegner sich
de facto schon zu Ihrer Lehre bekennen. Wie ist es
zu verwundern, daß Leute, die Jahre lang in

Wort und Schrift unverständlich vielleicht auch sich
selbst, über Unverstandenes schrieben und rede=
ten, diese Lücke ihrer Erkenntniß auch sofort zu
verdecken streben. Nicht viele setzen die Liebe zur
Wahrheit über die Selbstliebe. Manche sind wohl
in gewohnter Selbsttäuschung befangen. Auf ande=
re wieder paßt der derbe Sarcasmus Heinrich Hei=
ne's, der irgendwo sagt: „Als Pythagoras seinen
berühmten Lehrsatz entdeckt hatte, opferte er eine
Hecatombe." Seitdem haben die D..... eine
instinctartige Furcht vor der Entdeckung von Wahr=
heiten.

Vergessen Sie übrigens nicht, verehrtester
Freund, daß Sie vorwiegend die Stimmen Ihrer
Gegner vernehmen, nicht aber erfahren, wie vie=
le sich von Ihnen belehren lassen. Als Beweis
sende ich Ihnen beifolgende Zeilen, mit denen
mir der Medicinalrath Dommes, Mitglied des
Ober=Medicinal=Collegiums und beschäftigter Ge=
burtshelfer hier selbst, Ihr Buch zurückschickte,
welches ich ihm mitgetheilt habe.

Medicinalrath **Dommes** schreibt:

Hannover, 3. Juni 1861.

Mit vielem Danke sende ich Ihnen, lieber Collega, das so sehr gelungene Buch von Semmelweis zurück. Ich habe viel daraus gelernt, und auch, wie man für die Wahrheit kämpfen muß.

Dr. Pernice, Professor der Geburtshilfe in Greifswald schreibt:

Für die Sendung der offenen Briefe sage ich Ihnen meinen besten Dank. Ich muß es einer sorgfältigen Beobachtung anheim geben, in wie weit die von Ihnen angeregten Maßregeln zur gänzlichen Beseitigung des Puerperalfiebers geeignet sind. Sie werden selbst nicht verlangen, daß man in verba Magistri schwört. Die nöthigen Maßregeln sind bereits getroffen, und werde ich seiner Zeit Ihnen davon Nachricht zu geben, wie die Erfolge sich gestaltet, nicht verfehlen. Mit größter Hochachtung Euer Hochwohlgeboren

ergebenster

Dr. Pernice.

Greifswald, 22. Juli 1861.

Ich habe es für meine angenehme Pflicht ge=
halten, Prof. Pernice, wegen seines guten Vor=
satzes, brieflich mein Compliment zu machen.

Pippingsköld, Geburtshelfer im allgemeinen
Hospital zu Helsingfors schreibt:

Auch von dieser fernen Ecke der Welt könnte
ich mehrere Thatsachen hervorheben, die Ihre An=
sichten über das Puerperalfieber bestätigen.

Ich habe brieflich um Mittheilung dieser
Thatsachen gebeten, bisher aber noch keine Ant=
wort erhalten.

Im Mai 1862 wird es fünfzehn Jahre, daß ich als Assistent an der I. Gebärklinik zu Wien, die alleinige, ewig wahre Ursache aller Fälle von Kindbettfieber, keinen einzigen Fall von Kindbettfieber ausgenommen, welche vorgekommen sind, seit das menschliche Weib gebärt, und welche vorkommen werden, so lange das menschliche Weib gebären wird, in dem zersetzten thierisch-organischen Stoffe entdeckt habe.

Tritt die Blutentmischung bei der Mutter, in Folge der Resorbtion des zersetzten thierisch-organischen Stoffes zur Zeit ein, wo das Kind noch mittelst der Placenta im organischen Verkehre mit der Mutter steht, so theilt die Mutter dem Kinde die Blutentmischung mit, und diese Mittheilung der Blutentmischung ist die Ursache, daß das Kind an derselben Blutentmischung erkrankt, an welcher die Mutter erkrankte.

Nach dem eben Gesagten ist meine Nosologie des Kindbettfiebers folgende: Ich halte jeden Fall von Kindbettfieber, keinen einzigen Fall von Kindbettfieber ausgenommen, welcher vorgekommen ist, seit das menschliche Weib gebärt, und welcher vorkommen wird, so lange das menschliche Weib gebären wird, für ein Resorbtionsfieber, welches dadurch entsteht, daß ein zersetzter thierisch-organischer Stoff resorbirt wird. Dieser reforbirte zerſetzte thieriſch=organiſche Stoff entmiſcht das Blut. In ſeltenen Fällen tödtet die Krankheit ſchon in dieſem Stadio, in der überwiegend größten Mehr= zahl der Reforbtionsfieber in der Fortpflanzungsperio= de des Weibes entſtehen aber aus dem, durch den reforbirten zerſetzten thieriſch=organiſchen Stoff ent= miſchten Blute, mehr weniger zahlreiche Erſudationen.

In der überwiegend größten Mehrzahl der Re= ſorbtionsfieber in der Fortpflanzungsperiode des Wei= bes wird der reforbirte, das Blutentmiſchende, zerſetzte thieriſch=organiſche Stoff, den Individuen von Außen beigebracht, und das ſind die Reforbtionsfieber in der Fortpflanzungsperiode des Weibes entſtanden durch Infection von Außen, das ſind die Reforbtionsfieber in der Fortpflanzungsperiode des Weibes, welche alle verhütet werden können.

Dieſe verhütbaren Reforbtionsfieber in der Fort= pflanzungsperiode des Weibes, entſtanden durch ver= hütbare Infection von Außen, ſtellen die Pſeudo=Kind= bettfieber=Epidemien dar, welche im Jahre 1664 in Paris im Hotel „Dieu" begonnen, und im Jahre 1861 alſo im fünfzehnten Jahre nach Entdeckung der Lehre, wie man dieſes verhütbare Reforbtionsfieber in der Fortpflanzungsperiode des Weibes, entſtanden durch verhütbare Infection von Außen, verhüten kön= ne, noch immer nicht aufgehört haben.

Die Pſeudo=Kindbettfieber=Epidemien, das heißt: die verhütbaren Reforbtionsfieber in der Fortpflan= zungsperiode des Weibes, entſtanden durch verhütba= re Infection von Außen vom Jahre 1664 bis zum Jahre 1847 verzeichnen die Opfer, welche ärztlicher Un= wiſſenheit, die Pſeudo=Kindbettfieber=Epidemien, das

heißt: die verhütbaren Resorbtionsfieber in der Fortpflanzungsperiode des Weibes, entstanden durch verhütbare Infection von Außen, vom Jahre 1847 bis zu
diesem Augenblicke verzeichnen die Opfer, welche zum
Theil ärztlicher Unfähigkeit, zum Theil ärztlicher
Unredlichkeit fielen.

In seltenen Fällen von Resorbtionsfieber in der
Fortpflanzungsperiode des Weibes entsteht aber der
resorbirte, das Blut entmischende, zersetzte thierisch-organische Stoff in dem ergriffenen Individuo selbst, und
das ist das Resorbtionsfieber in der Fortpflanzungsperiode des Weibes entstanden durch Selbstinfection.

Das Resorbtionsfieber in der Fortpflanzungsperiode des Weibes entstanden durch Selbstinfection
kann nicht immer verhütet werden. In Folge des unverhütbaren Resorbtionsfiebers in der Forpflanzungs-
periode des Weibes entstanden durch unverhütbare
Selbstinfection werden immer Wöchnerinnen sterben.

Wir haben nun das Kindbettfieber als ein Resorbtionsfieber kennen gelernt, welches dadurch entsteht, daß entweder ein zersetzter thierisch-organischer
Stoff den Individuen von Außen beigebracht wird,
oder daß ein zersetzter thierisch-organischer Stoff in dem
ergriffenen Individuo selbst entsteht.

Der oberste Grundsatz der Verhütungslehre des
Resorbtionsfiebers in der Fortpflanzungsperiode des
Weibes ist daher: Bringt den Individuen keinen zersetzten thierisch-organischen Stoff von Außen ein. Entfernt den, in dem Individuo entstandenen zersetzten
thierisch-organischen Stoff, vor der Resorbtion, aus
dem Individuo. Die erste Hälfte des obersten Grundsatzes der Verhütungslehre des Resorbtionsfiebers in

4

der Fortpflanzungsperiode des Weibes: Bringt den Individuen keinen zersetzten thierisch-organischen Stoff von Außen ein, kann immer erfüllt werden. Die zweite Hälfte des obersten Grundsatzes der Verhütungslehre des Resorbtionsfiebers in der Fortpflanzungsperiode des Weibes: Entfernt den, in dem Individuo ent-standenen zersetzten thierisch-organischen Stoff, vor der Resorbtion, aus dem Individuo, kann nicht im-mer erfüllt werden. Es leidet ein Individuum an Incarceratio placentae; wenn wir noch so oft mittelst Injectionen den in Folge der Fäulniß der Placenta entstandenen zersetzten thierisch-organischen Stoff aus dem Individuo entfernen, so wird sich immer wieder ein neuer zersetzter thierisch-organischer Stoff bilden, und es wird nicht gelingen, das unverhütbare Resorb-tionsfieber·in der Fortpflanzungsperiode des Weibes, entstanden durch unverhütbare Selbstinfection, zu verhüten.

Es entsteht nun die Frage, wenn der oberste Grundsatz der Verhütungslehre des Resorbtionsfiebers in der Fortpflanzungsperiode des Weibes strenge An-wendung findet, wie viele Wöchnerinen werden dann noch immer in Folge unverhütbaren Resorbtionsfie-bers, entstanden durch unverhütbare Selbstinfection, sterben?

Auf diese Frage wird man erst dann mit Sicher-heit mittelst Zahlen antworten können, wenn das von mir von den Regierungen erbetene Gesetz, welches je-dem, das Gebärhaus als Schüler Besuchenden streng-stens jede Beschäftigung mit zersetzten thierisch-organi-schen Stoffen verbietet, Jahre lang in Wirksamkeit sein wird.

Dieses Gesetz ist eine conditio sine qua non, soll es gelingen, die Resorbtionsfieber in der Fortpflanzungsperiode des Weibes auf die unverhütbaren Resorbtionsfieber in der Fortpflanzungsperiode des Weibes, entstanden durch unverhütbare Selbstinfection, zu beschränken.

Die Wahrheit dieser meiner Behauptung beweiset das Wiener Gebärhaus. Im Wiener Gebärhause kamen zur Zeit, als die Medicin in Wien noch der anatomischen Grundlage entbehrte, 25 Jahre vor, in welchen nicht eine Wöchnerin von 100 Wöchnerinen starb (Seite 62 Tabelle Nr. XVII und Seite 110 Tabelle Nr. XVIII in meinem Werke). 2 Jahre starb nicht eine Wöchnerin von 400 Wöchnerinen, 8 Jahre starb eine Wöchnerin von 200 Wöchnerinen, und 15 Jahre starb nicht eine Wöchnerin von 100 Wöchnerinen. Im Jahre 1848, wo ich das ganze Jahr hindurch die Chlorwaschungen mit der ganzen Energie, deren ich fähig bin, beaufsichtigte, war die Sterblichkeit dennoch 1,27% Vom Jahre 1841 bis inclusive 1846, während welcher sechs Jahre die I. Gebärklinik ausschließlich Klinik für Aerzte war, ohne Chlorwaschungen, war die durchschnittliche Sterblichkeit, trotz massenhaften Transferirungen, 9,92% (Seite 3 Tabelle Nr. I). Im Jahre 1848 ist es zwar gelungen durch Chlorwaschungen der Hände und durch andere Vorsichtsmaßregeln, ohne Transferirungen, die Sterblichkeit auf 1,27% herabzudrücken, aber die glückliche Zeit des Wiener Gebärhauses, wo von 400 Wöchnerinen nicht eine starb, ist nicht wieder gekehrt, und zwar deßhalb nicht wieder gekehrt, weil es im Jahre 1848 an der I. Gebärklinik zu Wien 42 Schüler gab, welche sich ungewöhnlich viel, vermöge des Systems, nach welchem Selbe zu Aerzten erzogen wurden, mit zersetzten thierisch-organischen Stoffen beschäftigten, und gewiß einer und der andere seine mit zersetzten Stoffen getränkte Hand nicht lange genug der Wirkung des Chlorkalkes aussetzte, um vollkommen die Hand zu desinficiren, wodurch das verhütbare Resorbtionsfieber in der Fortpflanzungsperiode des Weibes entstanden durch verhütbare Infection von Außen an der I. Gebärklinik im Jahre 1848 in solcher Anzahl erzeugt wurde, daß die Sterblichkeit auf 1,27% stieg (Seite 140 Tabelle Nr. XXIII). Es ist nicht gerechtfertiget, den guten Gesundheitszustand der Wöchnerinen im Gebärhause von dem guten Willen der Schüler und Schülerinen abhängig zu machen. Und haben die Schüler und Schülerinen erfahren, warum sie sich während der Zeit ihre Aufenthaltes im Gebärhause nicht mit zersetzten thierisch-organischen Stoffen beschäftigen dürfen, so werden die Schüler und Schülerinen auch in ihrer künftigen selbstständigen Praxis derartige Beschäftigungen meiden, und wenn solche Beschäftigungen nicht zu umgehen sein sollten, so werden die ehemaligen Schüler und Schülerinen die nöthigen Vorsichtsmaßregeln anwenden, um bei ihren Wöchnerinen nicht das verhütbare Resorbtionsfieber, entstanden durch verhütbare Infection von Außen, hervorzurufen.

Nachdem wir jetzt nicht mit Sicherheit mittelst Zahlen die Frage beantworten können: Wie viele Wöchnerinen werden, trotz Anwendung des obersten Grundsatzes der Verhütungslehre des Resorbtionsfiebers in der Fortpflanzungsperiode des Weibes, noch immer in Folge des unverhütbaren Resorbtionsfiebers, entstanden durch unverhütbare Selbstinfection sterben? So wollen wir uns für jetzt begnügen, zu zeigen, wie klein die Sterblichkeit unter den Wöchnerinen in Folge des Resorbtionsfieber, auch ohne Anwendung des obersten Grundsatzes der Verhütungslehre des Re= sorbtionsfiebers in der Fortpflanzungsperiode des Weibes bis jetzt schon, unter gewissen, von uns zu erörternden Umständen war, um daraus zu entneh= men, welch glückliche Zeiten für das gebärende Ge= schlecht und für die ungeborne Frucht die Zeiten sein werden, in welchem der oberste Grundsatz der Verhü= tungslehre das Resorbtionsfieber in der Fortpflan= zungsperiode des Weibes eine strenge Beobachtung finden wird.

Wir haben schon erwähnt, daß im Wiener Ge= bärhause zur Zeit, als die Medicin in Wien noch der anatomischen Grundlage entbehrte, während 25 Jah= ren nicht eine Wöchnerin von 100 Wöchnerinen starb. Die Tabelle, welche das veranschaulicht, ist folgende:

1 Jahr v.	744 Wöchner.	6 Todte	0,80%	u. z. im J.	1810
1 „ „	1419 „	9 „	0,63%	„ „ „	1812
1 „ „	1768 „	7 „	0,39%	„ „ „	1794
1 „ „	3066 „	26 „	0,84%	„ „ „	1822
3 Jahre „	6125 „	30 „	0,48%	„ „ „	1797—99
3 „ „	7736 „	56 „	0,72%	„ „ „	1815—17
1 „ „	9524 „	54 „	0,56%	„ „ „	1786—92
8 „ „	12,756 „	85 „	0,66%	„ „ „	1801—8.

25 Jahre 44,843 Wöchn. 273 Todte 0,60%.

Der Zeitraum, in welchem in Wien die Medicin noch der anatomischen Grundlage entbehrte, umfaßt

8

39 Jahre vom 16. August 1784 bis letzten Dezember 1822.

Die Sterblichkeit verhielt sich folgenderweise:

25	Jahre	0	Percent Wöchner.	44838 Todte	273	=0,60	Percent
7	„	1	„ „	12074 „	185	=1,52	„
5	„	2	„ „	9332 „	219	=2,34	„
1	„	3	„ „	2062 „	66	=3,20	„
1	„	4	„ „	3089 „	154	=4,98	„

39 Jahre Wöchnerinen 71,395 Todte 897=1,25 Percent.

Boër hielt den 15. September 1789 seine Antrittsrede, und begab sich den letzten October 1822 in den Ruhestand. Aus den Schriften Boër's geht hervor, daß Er viele der verstorbenen Wöchnerinen in Gegenwart der Schüler entweder selbst secirte, oder durch Andere seciren ließ, und daraus ist die vorgekommene größere Sterblichkeit zu erklären.

Noch viel günstiger ist der Gesundheitszustand der Wöchnerinen in den englischen und irländischen Gebärhäusern. In meinem Werke über Kindbettfieber habe ich die Rapporte aus vier Londoner und zwei Dubliner Gebärhäusern von einem Zeitraume von 262 Jahren benützt, in diesem offenen Briefe benütze ich die Rapporte aus vier Londoner, zwei Dubliner und dem Edinburger Gebärhause und zwar von einem Zeitraume von 306 Jahren, die in meinem Werke fehlenden 44 Jahre habe ich dem Aufsatze des Prof. Dr. Otto Spiegelberg „zur Geburtshilfe und Gynäkologie in London, Edinburg und Dublin." Monatsschrift für Geburtskunde ꝛc. 7 Bände 1856 entnommen. Der Controle wegen werde ich diese 44 Jahre am Ende dieses offenen Briefes mittheilen.

Wenn wir nun diese 306 Jahre, innerhalb wel-chen 237,052 Wöchnerinen verpflegt wurden, von welchen 3078 starben also 1,29% oder 1 von $77\frac{46}{3078}$ nach dem Gesundheitszustande der Wöchnerinen ord-nen, so gibt das folgende Tabelle:

In 30 Jahren starb keine Wöchnerin von 6334 Wöchnerinen

„ 119	Jahr. war die Sterbl.	0	Perc. Wöchn.	120,176	Todt	800	=	0,66%
„ 87	„ „ „	„ 1	„ „	72,828	„	1,106	=	1,51%
„ 33	„ „ „	„ 2	„ „	25,677	„	648	=	2,52%
„ 20	„ „ „	„ 3	„ „	8,218	„	276	=	3,35%
„ 5	„ „ „	„ 4	„ „	1,343	„	61	=	4,54%
„ 3	„ „ „	„ 5	„ „	742	„	43	=	5,79%
„ 2	„ „ „	„ 6	„ „	663	„	41	=	6,18%
„ 3	„ „ „	„ 7	„ „	548	„	40	=	7,29%
„ 1	„ „ „	„ 8	„ „	174	„	15	=	8,62%
„ 1	„ „ „	„ 9	„ „	161	„	16	=	9,90%
„ 1	„ „ „	„ 12	„ „	117	„	15	=	12,82%
„ 1	„ „ „	„ 26	„ „	71	„	19	=	26,76%

306 Jahre. Wöchnerinen 237,052 Todte 3078 = 1,29%

Es wurden daher während der 149 Jahre, in welchen entweder keine, oder nicht eine Wöchnerin von 100 Wöchnerinen starb, 126,510 Wöchnerinen verpflegt, davon starben 800 also 0,63%. Während der 157 Jahre, in welchen die Sterblichkeit 1 bis 26% war, wurden 110,542 Wöchnerinen verpflegt, 2278 starben, also 2,06%. In einem um 8 Jahre längeren Zeitraume wurden 15,968 Wöchnerinen weniger ver-pflegt, und dennoch fällt in diesem Zeitraume die grö-ßere Sterblichkeit. Wenn wir die 30 Jahre, in wel-chen von 6334 Wöchnerinen keine einzige starb, nach der Anzahl der verpflegten Wöchnerinen aneinander reihen, so gibt das folgende höchst überraschende Ta-belle.

2

Es starb nämlich keine Wöchnerin

in 1 Jahre von	3	Wöchnerinen	British Lying	im Hospital	1749
" 1 " "	89	"	" " "	"	1836
, 1 " "	104	"	" " ,	"	1839
n 1 " "	106	"	" " "	"	1842
n 1 " "	128	"	" " "	"	1853
" 1 " "	130	"	Queen Charl. Ly. im Hosp.		1833
n 1 " "	176	"	British Lying	" "	1824
n 1 " "	221	"	General Lying	" "	1850
n 1 " "	292	"	British Lying	" "	1819
n 4 " "	322	"	" " "	"	1847—50
" 1 " "	346	"	" " "	"	1811
n 1 " "	361	"	City of London	" "	1852
" 1 " "	417	"	British Lying	" "	1800
n 3 " "	560	"	General Lying	" "	1844—46
n 2 " "	645	"	British Lying	" "	1807— 8
n 2 " "	684	"	" " "	"	1813—14
" 4 " "	744	"	Queen Charl. Ly.	" "	1851—54*)
n 3 " "	1006	"	City of London	" "	1827—29

30 Jahre 6334 Wöchnerinen keine Todte am Kindbettfieber.

Dieser überraschend günstige Gesundheitszustand der Wöchnerinen wurde nur in den 4 Londoner Gebärhäusern beobachtet, die beiden Dubliner und das Edinburger Gebärhaus haben kein Jahr aufzuweisen, in welchem keine Wöchnerin am Kindbettfieber gestorben wäre. Die größte Sterblichkeit in den 4 Londoner, in den 2 Dubliner und dem Edinburger Gebärhause ereignete sich in dem Londoner Gebärhause General Lhing im Hospital. Im Jahre 1838 war die Sterblichkeit 26,76%, im Jahre 1841 war die Sterblichkeit 12,82%, aber in den Jahren 1844, 45 und 46 starb von 560 Wöchnerinen keine einzige. Ueber

---

*) 1852 starb eine Wöchnerin an Phthisis.

die Ursache des ungünstigen, und nachher günstigen Gesundheitszustandes der Wöchnerinen dieses Gebärhauses wolle der Leser Seite 160 nachlesen.

Wenn wir die 119 Jahre, während welcher nicht eine Wöchnerin von 100 Wöchnerinen starb — es starben nämlich 800 Wöchnerinen von 120,176 Wöchnerinen also 0,66% oder 1 von $150^{176}/_{800}$, nach der Anzahl der verpflegten Wöchnerinen aneinander reihen, so gibt das folgende Tabelle.

Es starb nicht eine Wöchnerin von 100 Wöchnerinen:

in	1 Jahre	von	113 Wöchn.	Todt	1=0,88%	British Lying	im Hosp.			1840
„	1 „	„	117 „	„	1=0,85%	„	„	„	„	1844
„	1 „	„	122 „	„	1=0,81%	„	„	„	„	1833
„	1 „	„	142 · „	„	1=0,70%	„	„	„	„	1831
„	1 „	„	144 „	„	1=0,69%	Queen Charl.	„		„	1845
„	1 „	„	212 „	„	2=0,94%	„	„	„	„	1842
„	1 „	„	214 „	„	1=0,47%	„	„	„	„	1835
„	1 „	„	215 „	„	2=0,93%	„	„	„	„	1837
„	1 „	„	217 „	„	2=0,92%	-	„	„	„	1832
„	1 „	„	229 „	„	2=0,87%	General Lying	„		„	1882
„	2 „	„	231 „	„	2=0,86%	British Lying	„		„	1846—51 *)
„	1 „	„	278 „	„	2=0,72%	Edinburg	im Hosp.			1851
„	1 „	„	370 „	„	3=0,81%	British Lying	„		„	1756
„	1 „	„	458 „	„	3=0,65%	City of Lond. Lying				1854
„	2 „	„	460 „	„	4=0,86%	Edinburg im Hospital				1848—49
„	1 „	„	556 „	„	4=0,71%	Dublin (Rotunda)				1760
„	2 „	„	559 „	„	3=0,53%	General Lying im Hospital				1847—48
„	1 „	„	563 „	„	3=0.53%	British Lying im H.				1779
„	1 „	„	587 „	„	5=0,85%	„	„	„	„	1783
„	1 „	„	599 „	„	1=0,16%	„	„	„	„	1789
„	1 „	„	681 · „	„	3=0,44%	Dublin				1766

*) 1847, 48, 49, 50 starb keine Wöchnerin.

2 *

in 2 Jahren von	720	Wöchn.	Tobte	3=0,41%	City of London Lying im Hospital	1850—51
„ 2 „	„ 862	„	„	6=0,69%	Coombe Lying im Hosp.	1834—35
„ 2 „	„ 867	„	„	6=0,69%	„ „ im H.	1845—46
„ 3 „	„ 1145	„	„	7=0,61%	City of London Lying im Hosp.	1832—34
„ 2 „	„ 1145	„	„	9=0,78%	British Lying im Hospital	1776—77
„ 2 „	„ 1159	„	„	7=0,60%	„ „ im H.	1767—68
„ 2 „	„ 1309	„	„	9=0,64%	Dublin	1771—72
„ 1 „	„ 1546	„	„	12=0,77%	„	1790
„ 1 „	„ 1631	„	„	10=0,61%	„	1792
„ 4 „	„ 1714	„	„	11=0;64%	Coombe Lying i.H.1840—43	
„ 3 „	„ 1764	„	„	12=0,67%	British Lying i.H.1771—73	
„ 1 „	„ 2025	„	„	17=0,83%	Dublin	1846
„ 4 „	„ 2157	„	„	13=0,60%	City of London Lying im Hosp.	1841—44
„ 3 „	„ 2365	„	„	19=0,80%	Dublin	1775—77
„ 1 „	„ 2561	„	„	24=0,93%	„	1811
„12 „	„ 3814	„	„	20=0,52%	British im H.	1804—21 *)
„ 4 „	„ 3947	„	„	25=0,63%	Dublin	1779—82
„ 2 „	„ 5186	„	„	46=0,88%	„	1824—25
„ 4 „	„ 5251	„	„	37=0,71%	„	1784—87
„ 2 „	„ 5524	„	„	34=0,61%	„	1821—22
„11 „	„ 6106	„	„	19=0,31%	Brit. Lying	1791—1802 **)
„ 3 „	„ 6669	„	„	57=0,85%	Dublin	1842—44
„ 4 „	„ 7928	„	„	57=0,71%	„	1850—53
„ 4 „	„ 8844	„	„	48=0,50%	„	1830—33
„ 6 „	„ 9814	„	„	66=0,67%	„	1795—1800
„ 4 „	„12370	„	„	92=0,74%	„	1814—47
„ 6 „	„14606	„	„	97=0,66%	„	1804—1809

119 Jahre 120,176 Wöchnerinen, 800 Tobte = 0,66%.

Dieser günstige Gesundheitszustand ist folgenderweise zu erklären: Bekanntlich halten die Aerzte des

---

*) 1847, 8, 11, 13, 14 und 19 starb keine Wöchnerin.
**) 1800 starb keine Wöchnerin.

dreieinigen Königreiches das Kindbettfieber für eine contagiöse Krankheit; die Aerzte des dreieinigen Königreiches, wenn selbe mit einer Kindbettfieber kranken Schwangeren, mit einer Kindbettfieber kranken Kreißenden, mit einer Kindbettfieber kranken Wöchnerin, mit einer Puerperal=Leiche sich beschäftigen, beschäftigen sich nicht mit einer gesunden Schwangeren, mit einer gesunden Kreißenden, mit einer gesunden Wöchnerin, ohne früher Maßregeln getroffen zu haben, welche geeignet sind, die Uebertragung des Contagiums von den Kranken auf die Gesunden zu verhüten; zu diesen Maßregeln gehören auch Chlorwaschungen der Hände.

Das Kindbettfieber ist keine contagiöse Krankheit; eine contagiöse Krankheit ist diejenige Krankheit, welche das Contagium, durch welches die Krankheit vervielfältiget wird, selbst erzeugt; ein jedes an einer contagiösen Krankheit leidende Individuum ist geeignet bei einem gesunden Individuum dieselbe contagiöse Krankheit hervorzurufen. Ein gesundes Individuum kann nur dieselbe contagiöse Krankheit bekommen, in welchem das kranke Individuum leidet.

Blattern sind eine contagiöse Krankheit, weil die Blattern das Contagium erzeugen, durch welches die Blattern vervielfältiget werden; ein jeder Blatternkranke ist befähigt bei einem Gesunden die Blattern hervorzurufen, ein Gesunder kann die Blattern nur wieder von einem Blatternkranken bekommen.

Nicht so verhält sich die Sache beim Kindbettfieber. Das Kindbettfieber wird durch kein Contagium, sondern durch einen zersetzten thierisch=organischen Stoff vervielfältiget, daher ist nicht eine jede am Kindbett-

fieber leidende Schwangere, Kreißende und Wöchnerin=
nen geeignet, das Kindbettfieber bei einer gesunden
Schwangeren, Kreißenden und Wöchnerin hervorzu=
bringen. Verläuft das Kindbettfieber beim kranken
Individuum ohne Erzeugung eines zersetzten thierisch=
organischen Stoffes nach Außen, so ist von dieser Kran=
ken das Kindbettfieber auf eine gesunde nicht über=
tragbar; z. B. ein Individuum leidet an jauchiger pu=
erperaler Peritonitis, äußerlich wird kein zersetzter thie=
risch=organischer Stoff erzeugt, von dieser Kranken ist
das Kindbettfieber auf eine Gesunde nicht übertragbar.

Erzeugt aber das Kindbettfieber einen zersetzten
thierisch=organischen Stoff nach Außen, z. B. ist Endo=
metritis septica vorhanden, so ist mittelst des zersetz=
ten thierisch=organischen Stoffes der Endometritis se=
ptica bei einem gesunden Individuo das Kindbettfie=
ber erzeugbar.

Die Puerperal=Leiche liefert den, das Kindbett=
fieber erzeugenden zersetzten thierisch=organischen Stoff
durch die Fäulniß, und durch die zersetzten thierisch=
organischen Stoffe, welche aus dem entmischten Blute
entstanden sind.

Ein gesundes Individuum kann das Kindbettfie=
ber bekommen von Dingen, welche selbst nicht Kind=
bettfieber sind. Die Quelle, woher der zersetzte thierisch=
organische Stoff genommen wird, welcher von Außen
den Individuen beigebracht, das Kindbettfieber erzeugt,
ist die Leiche jeden Alters, jeden Geschlechts, ohne
Rücksicht, ob es die Leiche einer Wöchnerin oder einer
Nichtwöchnerin ist; bei der Leiche kommt der Grad der
Fäulniß, und die zersetzten Stoffe der tödtenden Krank=
heit in Betracht.

Die Quelle, woher der zersetzte thierisch-organische Stoff genommen wird, welcher von Außen
den Individuen beigebracht das Kindbettfieber erzeugt, sind alle Kranken jeden Alters, jeden Geschlechts, deren Krankheiten mit Erzeugung eines zersetzten thierisch-organischen Stoffes nach Außen einher-
schreiten, ohne Rücksicht, ob das kranke Individuum
an Kindbettfieber leide oder nicht; nur der nach Außen
erzeugte zersetzte thierisch-organische Stoff als Product
der Krankheit kommt in Betracht.

Die Quelle, woher der zersetzte thierisch-organische Stoff genommen wird, welcher von Außen den
Individuen beigebracht, das Kindbettfieber erzeugt,
sind alle physiologischen thierisch-organischen Gebilde,
welche den vitalen Gesetzen entzogen, einen gewissen
Zersetzungsgrad eingegangen sind; nicht das, was selbe
darstellen, sondern der Grad der Fäulniß kommt in
Betracht.

Wenn daher die Aerzte des dreieinigen Königreiches Vorsichtsmaßregeln gegen die Uebertragung des
Contagiums in solchen Fällen anwenden, in welchem
die puerperalerkrankte Schwangere, Kreißende, Wöchnerin keinen zersetzten thierisch-organischen Stoff nach
Außen erzeugt, so thun selbe zwar etwas Ueberflüßi-
ges, aber nichts Schädliches. In Fällen aber, wo die
puerperal-erkrankte Schwangere, Kreißende und
Wöchnerin einen zersetzten thierisch-organischen Stoff
nach Außen erzeugt, oder in Fällen von Beschäftigungen mit Puerperal-Leichen, zerstören die Aerzte des
dreieinigen Königreiches, in der Absicht ein Contagium
zu zerstören, den nach Außen erzeugten zersetzten thierisch-organischen Stoff der erkrankten Individuen, und

der Puerperal-Leiche, und verhüten auf diese Weise die zahlreichen Infectionen, welche entstanden wären, wenn der nach Außen erzeugte zersetzte thierisch-organische Stoff der puerperal-erkrankten Schwangeren, Kreißenden und Wöchnerinen und der Puerperal-Leiche nicht zerstört worden wäre, und dadurch haben die Aerzte des dreieinigen Königreiches einer Anzahl von Müttern und ungebornen Früchten das Leben gerettet, wofür sie Gott segnen möge.

In Ländern, wo man das Kindbettfieber und zwar mit vollem Rechte, für keine contagiöse Krankheit hält, aber nicht weiß, daß das Kindbettfieber durch die Einbringung eines zersetzten thierisch-organischen Stoffes von Außen entsteht, wird der zersetzte thierisch-organische Stoff, welcher von einer puerperal-kranken Schwangeren, Kreißenden, Wöchnerin, von einer Puerperal-Leiche herrührt, nicht zerstört. Die zahlreichen verhütbaren Resorbtionsfieber in der Fortpflanzungsperiode des Weibes, entstanden durch verhütbare Infection von Außen, welche aus dieser Quelle entstehen, fallen in dem dreieinigen Königreiche weg, und das ist einer der zwei Gründe, warum der Gesundheitszustand der Wöchnerinen in diesen Ländern ein so günstiger ist.

Englische Aerzte haben das Kindbettfieber entstehen sehen durch einen zersetzten thierisch-organischen Stoff, welcher nicht von einer puerperal-kranken Schwangeren, Kreißenden und Wöchnerin herrührte, durch einen zersetzten thierisch-organischen Stoff, welcher nicht von einer Puerperal-Leiche herrührte (Seite 182). Reedal in Sheffield behandelte einen jungen Mann an einer offenen Leistengeschwulst, mit

einer bösartigen, rosenartigen Entzündung des Ho-
densackes und der Hinterbacken; sieben Wöchnerinnen,
welchen Er bei der Geburt beigestanden, erkrankten
am Kindbettfieber, fünf starben. Reedal gab nach
dem Tode dieser Frauen seine Besuche bei dem jungen
Manne auf, weil er sich für den Verbreiter der Krankheit ansehen mußte.

Sleight in Hull wurde von der Visite, die er einem an Erysipelas leidenden Kranken machte, weg
zu einer Geburt gerufen, die Wöchnerin starb am Kindbettfieber.

Hardey gleichfalls in Hull wohnend, behandelte
einen großen Abscess in der Lendengegend, und bei-
läufig um dieselbe Zeit einen erysipelatösen Abscess
einer Brust. Hardeg behandelte in Monatsfrist 20
Geburtsfälle, sieben Frauen starben.

Drei Aerzte von Hull trafen bei der Sektion eines Mannes zusammen, der am Gangraen nach einer
Operation von Hernia incarcerato gestorben war.
Alle berührten die Leichentheile. Alle drei hatten
in kürzester Frist nach dieser Leichenbesichtigung Kindbettfieber in ihrer Praxis beobachtet, alle drei gaben
ihre geburtshilfliche Praxis für einige Zeit auf, und
hatten nach dem Wiederantritte derselben keine Krankheitsfälle mehr zu beklagen.

Robert Storrs führt seine Erfahrungen an, die
nach seiner Meinung durchgehends beweisen, daß die
Krankheit contagiös sei, die nach ihrer überwiegenden
Mehrheit zeigen, daß ihr Ursprung in einem animali-
schen Gifte zu suchen sei, die nicht selten bösartige
Krankheiten bei Anderen hervorbrachten, und die alle
die Fruchtlosigkeit der ärztlichen Behandlung, und ge-

rabe beshalb die äußerste Nothwendigkeit von Vor-
bauungsmitteln nachweisen.

I. Am 8. Jänner 1841 leistete Storrs der Frau
D. bei einer Geburt Beistand. Am selben Tage war er
auch bei Frau Richardson beschäftiget, die an gan-
gränescirendem Rothlauf litt; beide Frauen bedienten
sich derselben Wärterin. Frau D. starb am Puerperalfieber.

II. Am 13. Jänner war Storrs bei der Geburt
der Frau B. anwesend, auch sie starb.

III. Gleichfalls am 13. Jänner war Storrs bei
dem Geburtsgeschäfte der Frau Par. zugegen, die gleichfalls starb. Ihr Gatte war zur selben Zeit am Erysipel
mit typhösem Fieber erkrankt. Eine Freundin und Nach-
barin der Verstorbenen hatte Erysipelas, Pleuritis und
Abscess. Eine IV. und V. Kranke erholten sich.

VI. Am 12. Februar eröffnete Storrs an der
obengenannten Frau Richardson einen Abscess,
und ward hierauf bei der drei englische Meilen entfernt
wohnenden Frau Pol. beschäftigt, die ebenfalls starb.
Ihre Schwester hatte Herpes, Erysipelas mit typhö-
sen Erscheinungen, worauf ein ungeheurer Abscess
in der Brust folgte.

VII. Frau P. wurde nicht von Storrs entbun-
den, sondern nur von ihm besucht. Frau P. hatte das
Kind der Frau Bt. auf der Bahre gebettet, daß einige
Tage früher an Gangraen des Nabels gestorben ist.
Frau P. starb, und es folgte ihr bald ihr Kind, das
am Brande des Nabels und der Geschlechtstheile zu
Grunde ging.

VIII. Frau W., die unter Storrs Leitung entbunden wurde, nachdem Storrs am vorhergehenden Mor-

gen bei Frau Richardson einen Abscess eröffnet hatte, ſtarb.

Storrs machte nun eine 14-tägige Reiſe, und hoffte ſich auf dieſe Art gänzlich zu reinigen.

IX. Am 21. März Nachts war Storrs bei der Geburt der Frau W. thätig, nachdem er Morgens bei Frau Richardson abermals einen Abscess geöffnet hatte; Frau W. ſtarb.

X. Ein gleiches Schickſal hatte Frau Dk., die am 22. geboren hatte.

Einige Monate darauf, als das Gift ſchon etwas erſchöpft war, legte Storrs Aſſiſtent an das Bein der Frau Richardson eine Binde an, und entband am Tage darauf eine junge Frau, ſie wurde von heftiger Bauchfellentzündung befallen, man ließ ihr zweimal zur Ader, ſie erholte ſich.

Storrs hofft durch ſeinen Aufſatz bewieſen zu haben:

I. Daß das Puerperalfieber durch Berührung mit-theilbar ſei.

II. Daß dasſelbe von einem thieriſchen Gifte, und zwar beſonders dem Rothlaufe und ſeinen Folgen, aber auch zuweilen vom Typhus herſtamme.

Roberton erzählt folgende zwei Fälle: Ein Arzt führte bei einem armen, am Puerperalfieber leidenden Weibe den Catheter ein, und wurde noch in derſelben Nacht zu einer Frau gerufen, um ihr Beiſtand bei ih-rer Geburt zu leiſten. Am Morgen des zweiten Tages darauf bekam die Frau Schüttelfroſt, und die übrigen Zeichen der beginnenden Krankheit.

Ein anderer Arzt wurde während einer Leichen-öffnung einer am Kindbettfieber Verſtorbenen zu einer Geburt geholt, 48 Stunden darauf ergriff dieselbe Krankheit auch diese Frau.

Churchill secirte im October 1821 eine nach Abortus am Puerperalfieber verstorbene Frau, er steckte hierauf die Geschlechtstheile in den Sack, und nahm sie zu einer Vorlesung mit. An demselben Abende war er in denselben Kleidern bei der Geburt einer Frau zu= gegen, die bald darauf starb. Ueberdies erkrankten in den nächsten Wochen noch viele der von ihm gepfleg= ten Wöchnerinen, drei derselben starben. Im Juni 1823 half er mehreren seiner Schüler bei der Section einer Frau, die am Puerperalfieber gestorben war. In der von Allem entblößten ärmlichen Wohnung konnte er seine Hände nicht mit der nöthigen Sorgfalt wa= schen, und ging nach Hause. Daselbst angelangt, fand er die Nachricht, daß zwei Gebärende seine Hilfe be= gehrten; ohne weitere Waschungen vorzunehmen, und ohne die Kleider zu wechseln eilte er diese Frauen auf= zusuchen; beide wurden von der Krankheit ergriffen, und starben.

Der Leser sieht, von welch heterogenen Dingen her die englischen Aerzte das Kindbettfieber entstehen sahen, und doch ziehen sie den beschränkten Schluß: daß dasselbe von einem thierischen Gifte, und zwar besonders dem Rothlaufe und seinen Folgen, aber auch zuweilen vom Typhus herstamme.

Zur Höhe der Wahrheit, daß das Kindbettfieber herstamme von der Leiche jeden Alters, jeden Geschlech= tes, ohne Rücksicht, ob es die Leiche einer Wöchnerin oder einer Nichtwöchnerin ist, daß es bei der Leiche nur auf dem Fäulnißgrad, und den zersetzten thierisch-orga= nischen Stoff der tödtenden Krankheit ankomme.

Zur Höhe der Wahrheit, daß das Kindbettfieber herstamme von jedem Kranken jeden Alters, jeden Geschlechtes, dessen Krankheit mit Erzeugung eines zersetzten thierisch-organischen Stoffes nach Außen einherschreitet, ohne Rücksicht, ob das kranke Individuum am Kindbettfieber leide, oder nicht, daß es bei den Kranken nur auf den nach Außen erzeugten zersetzten thierisch-organischen Stoff als Produkt der Krankheit ankomme.

Zur Höhe der Wahrheit, daß das Kindbettfieber herstamme von allen physiologischen thierisch-organischen Gebilden, welche den vitalen Gesetzen entzogen, einen gewissen Zersetzungsgrund eingegangen sind, und daß es bei diesen Gebilden nicht auf das ankomme, was selbe darstellen, sondern auf den Fäulnißgrad, zu dieser Höhe der Wahrheit haben sich die Aerzte des dreieinigen Königreiches nicht hinaufgeschwungen. Sie haben nur einen Theil der Wahrheit, aber nicht die ganze Wahrheit erkannt. Es könnten daher aus dem Theile der Wahrheit, welchen die Aerzte des dreieinigen Königreiches nicht erkannt haben, zahlreiche verhütbare Resorbtionsfieber in der Fortpflanzungsperiode des Weibes, erstanden durch verhütbare Infection von Außen, in den englischen, irländischen und in dem Edinburger Gebärhause erzeugt werden. Die Ursache, warum das nicht geschieht, und zugleich der zweite Grund des günstigen Gesundheitszustandes der Wöchnerinen der drei Länder ist der Umstand, daß die Gebärhäuser des dreieinigen Königreiches sämmtlich selbstständige Institute und nicht Theile eines großen Krankenhauses sind. Wegen der großen Entfernung des Gebärhauses von den übrigen Krankenanstalten ist der Schüler des Gebär-

haufes gehindert, während der Lernzeit im Gebärhaufe sich noch mit anderen Zweigen der Medicin, welche
seine Hände mit zersetzten Stoffen verunreinigen würden, zu beschäftigen; der zersetzte thierisch-organische
Stoff, welcher im Gebärhause selbst erzeugt wird, von
der kranken Schwangeren, kranken Kreißenden, kranken Wöchnerinen und der Puerperal-Leiche wird durch
Chlor zerstört, von außerhalb des Gebärhauses kann
der zersetzte thierisch-organische Stoff nicht in dem Grade eingebracht werden, wie in einem Gebärhause, welches ein Theil eines großen Krankenhauses ist.

Die Zerstörung des puerperalen zersetzten thierisch-
organischen Stoffes im Gebärhause, und das erschwer-
te Einbringen von zersetzten thierisch-organischen Stoffen von außerhalb in das Gebärhaus, sind die beiden
Ursachen des günstigen Gesundheitszustandes der Wöchnerin in den Gebärhäusern des dreieinigen Königreiches, und daß dem so sei, kann man zur Trauer des
Menschenfreundes mittelst Zahlen beweisen. Wir besitzen von einem Zeitraume von 71 Jahren die gleichzeitigen Zahlen-Rapporte des Gebärhauses Rotunda in
Dublin, und des Wiener Gebärhauses.

Die Rotunda ist Unterrichtsanstalt für Aerzte,
die Zahl der Wöchnerinen ist nur unbedeutend klei-
ner als in Wien. In der Rotunda wird der puerperale zersetzte thierisch-organische Stoff, welcher innerhalb des Gebärhauses entsteht, zerstört, die Einbringung zersetzter Stoffe von außen her in die Rotunda
ist erschwert; in Wien wird der im Gebärhause erzeugte puerperale zersetzte Stoff nicht zerstört; in das Wiener Gebärhaus wird von außen her massenhaft zersetzter Stoff dadurch eingebracht, daß das Wiener Ge-

bärhaus ein Theil eines großen Krankenhauses ist, die Schüler des Gebärhauses besuchen gleichzeitig die verschiedenen Kranken-Abtheilungen, die pathologischen und die gerichtlichen Sectionen, nehmen Curse am Cadaver, in der geburtshilflichen, chirurgischen, occulistischen Operationslehre 2c. 2c., und was das für Folgen hat, wird folgende Tabelle leider klar machen. (Seite 165 Tabelle Nr. XXIX.)

	Gebärhaus in Dublin.			Gebärhaus in Wien.		
Jahr	Wöchnerin	Todt.	Percent	Wöchner.	Todte	Percent
1850	1980	15	0,75	3745	74	1,97
1851	2069	14	0,67	4194	75	1,78
1852	1913	11	0,56	4471	181	4,04
1853	1906	17	0,89	4221	94	2,13
1854	1943	36	0,85	4393	400	9,10
71	151,774	1851	1,21	174,865	7048	4,03

Im Wiener Gebärhause wurden 23,091 Wöchnerinen mehr verpflegt, dafür sind 5197 Wöchnerinen mehr gestorben. 23,091 Wöchnerinen und 5197 Todte gibt 22,50%, nebstdem finden in der Rotunda keine Transferirungen statt, während im Wiener Gebärhause in diesen 71 Jahren tausende und tausende erkrankte Wöchnerinen in's k. k. allgemeine Krankenhaus transferirt wurden.

Im Dubliner Gebärhause war die Sterblichkeit

39 Jahre	0	Percent	Wöchnerinen	84,355	Todte	597	=0,70%
23 „	1	„	„	46,988	„	717	=1,54%
8 „	2	„	„	17,991	„	456	=2,53%
1 „	3	„	„	2,440	„	81	=3,33%
71 Jahre			Wöchnerinen	151,774	Todte	1851	=1,21%

Im Wiener Gebärhause war die Sterblichkeit

25 Jahre	0	Percent	Wöchnerinen	44,843	Todte	273=0,60%
10 „	1	„	„	23,569	„	379=1,60%
8 „	2	„	„	19,778	„	467=2,35%
5 „	3	„	„	14,010	„	484=3,45%
4 „	4	„	„	13,483	„	619=4,57%
4 „	5	„	„	12,581	„	667=5,30%
2 „	6	„	„	6,845	„	463=6,77%
4 „	7	„	„	11,242	„	856=7,61%
4 „	8	„	„	11,170	„	955=8,54%
3 „	9	„	„	10,047	„	918=9,13%
1 „	11	„	„	4,010	„	459=11,04
1 „	15	„	„	3,287	„	518=15,08
71 Jahre			**Wöchnerinen**	**174,865**	**Todte**	**7048=4,03%**

Wenn wir die 98 Jahre, nämlich inclusive vom Jahre 1757 bis letzten December 1854, in welchem in der Rotunda zu Dublin 169,623 Wöchnerinen verpflegt wurden, von welchem 2059 starben, also 1,21 Percent nach der relativen Sterblichkeit ordnen, und wenn wir dasselbe mit dem 77 Jahren des Wiener Gebärhauses, mit Ausschluß der II. Abtheilung thun, so ergibt sich ein bedeutender Unterschied in dem Gesundheitszustande der Wöchnerinen dieser beiden Gebärhäuser und zwar zu Ungunsten des Wiener Gebärhauses. Im Wiener Gebärhause wurden in diesen 77 Jahren, mit Ausschluß der II. Abtheilung, 199,033 Wöchnerinen verpflegt, davon starben 7783, also 3,91 Percent.

In der Rotunda zu Dublin war die Sterblichkeit

50 Jahre	0	Percent	Wöchnern.	92,913	Todte	647=0.69 Prct.
36 „	1	„	„	54,352	„	826=1,51 „
10 „	2	„	„	19,234	„	484=2,52 „
2 „	3	„	„	3,121	„	102=3,26 „
98 Jahre			**Wöchnerinen**	**169,623**	**Tod.**	**2059=1,21 Prct.**

Im Wiener Gebärhause war, die II. Abtheilung aus-
geschlossen, die Sterblichkeit

25	Jahre	0	Perc.	Wöchnerinen	44,838	Todte	273=	0,60	Prct.
11	„	1	„	„	27,698	„	460=	1,66	„
11	„	2	„	„	32,241	„	767=	2,37	„
6	„	3	„	„	17,935	„	630=	3,51	„
4	„	4	„	„	13,483	„	619=	4,66	„
5	„	5	„	„	16,233	„	865=	5,32	„
2	„	6	„	„	6,845	„	463=	6,76	„
4	„	7	„	„	11,242	„	856=	7,61	„
4	„	8	„	„	11,170	„	955=	8,54	„
3	„	9	„	„	10,047	„	918=	9,13	„
1	„	11	„	„	4,010	„	459=11,	4	„
1	„	15	„	„	3,287	„	518=15,	8	„.

77 Jahre   Wöchnerinen 199,033 Tob. 7783= 3,91 Prct.

Sprechen die Zahlen-Rapporte des Wiener Gebärhauses für oder gegen die Nothwendigkeit des Ge-
setzes, welches den Schülern und Schülerinen des Gebärhauses jede Beschäftigung mit zersetzten Stoffen
strengstens verbietet?

Wir haben zwei Ursachen angegeben, welchen der
günstige Gesundheitszustand der Wöchnerinen in den Gebärhäusern des dreieinigen Königreiches zuzuschreiben sei,
nämlich in den Gebärhäusern dieser Länder wird der
puerperale zersetzte thierisch-organische Stoff, in der Absicht ein Puerperal-Contagium zu zerstören, zerstört; die
Gebärhäuser dieser Länder sind selbstständige Institute, und nicht Theile eines großen Krankenhauses, wodurch die Einführung nicht puerperaler zersetzter thierisch-organischer Stoffe von Außen her in das Gebärhaus erschwert wird.

Der günstige Gesundheitszustand der Wöchnerinen in den Gebärhäusern des dreieinigen Königreiches

ist daher nicht die Folge einer mit Bewußtsein durch=
geführten, das Kindbettfieber verhütenden Thätigkeit.
Der günstige Gesundheitszustand ist vielmehr das Re=
sultat eines glücklichen Zufalles. Wenn der Gesund=
heitszustand der Wöchnerinen schon in Folge eines
glücklichen Zufalles ein so günstiger sein kann, wie
klein wird die Sterblichkeit in Folge des Kindbettfie=
bers sein, wenn der oberste Grundsatz der Verhütungs=
lehre des Kindbettfiebers, welcher lautet: Bringt den
Individuen keinen zersetzten thierisch=organischen Stoff
von Außen ein, entfernt den in dem Individuo entstande=
nen zersetzten thierisch=organischen Stoff vor seiner Re=
sorbtion aus den Individuen, eine strenge Anwen=
dung finden wird? Wenn wir uns die glückliche Zu=
kunft vergegenwärtigen, welche dem gebärenden Ge=
schlechte, der ungeborenen Frucht bevorsteht, und ei=
nen gleichzeitigen Blick in die Vergangenheit werfen,
so sind wir genöthiget, das erdrückende Geständniß ab=
zulegen, daß es keine zweite Krankheit gibt, welche so
massenhaft nur durch die Schuld der Aerzte erzeugt
worden wäre, als das Kindbettfieber erzeugt wurde.
Der Menschenfreund kann sich nur mit der Wahrheit
trösten, daß es, die Blattern ausgenommen, aber auch
keine dritte Krankheit gibt, deren Verhütung so voll=
kommen in der Macht des Arztes läge, als die Ver=
hütung des Kindbettfiebers, durch die Anwendung
des obersten Grundsatzes der Verhütungslehre des
Kindbettfiebers. Die Blattern entstehen nicht durch
die Schuld der Aerzte, aber das Kindbettfieber ent=
steht durch die Schuld des ärztlichen Personales männ=
lichen und weiblichen Geschlechtes, und wenn wir auch
einen Schleier werfen über die Verheerungen, welche

das Kindbettfieber vor dem Jahre 1847 anrichtete,
weil für ein Unglück, welches aus allgemeiner Unwissenheit entsteht, Niemand verantwortlich gemacht werden kann.

So verhält sich die Sache doch anders mit den
Verheerungen, welche das Kindbettfieber nach dem
Jahre 1847 anrichtete. Im Jahre 1864 wird es zwei
hundert Jahre, daß das Kindbettfieber wüthet, es ist
hohe Zeit, dem ein Ende zu machen. Wer trägt den die
Schuld, daß das Kindbettfieber in den fünfzehn Jahren nach Entdeckung der Verhütungslehre des Kindbettfiebers noch immer Verheerung anrichtet? Niemand anders als die Professoren der Geburtshilfe.

Von der großen Anzahl der Professoren der Geburtshilfe haben innerhalb fünfzehn Jahren nur zwei
die von mir entdeckte Wahrheit erkannt, selbe mit
Erfolg beobachtet, und nur diese zwei waren zugleich auch redlich genug, das auch öffentlich anzuerkennen; Einer dieser Professoren der Geburtshilfe war
Michaelis in Kiel, der andere ist der Geh. Hofrath
Prof. Dr. Lange in Heidelberg.

Michaelis schrieb: „Seit Einführung dieser Waschungen ist mir bei keiner von mir oder meinem Ele-
ven Entbundenen auch der gelindeste Grad des Fiebers wieder vorgekommen, jenen einen Fall im Februar ausgenommen, bei dem indes, wie ich vermuthe,
ein schlecht gereinigter Catheder gebraucht wurde, und
der isolirt blieb. Nach dem schlimmen Anfange aber im
November erwartete ich die bösartigste Epidemie."
Kiel den 18. März 1848. (S. 286, Zeile 3 von oben.)

„Lange beobachtete bald nach dem Antritte seines Amtes in Heidelberg zahlreiche Erkrankungen der

3*

Wöchnerinen in dem dortigen Gebärhause, und traf deshalb, überzeugt von der Richtigkeit der Semmelweis'-
schen Theorie, die Anordnung, daß jede Leiche einer
verstorbenen Wöchnerin sofort aus dem Gebärhause
entfernt wurde, daß die Nachgeburten nicht mehr, wie
es geschehen war, in den Abtritt geworfen, sondern
aus dem Hause geschafft wurden, sorgte für große
Reinlichkeit, und führte zu diesem Zwecke die Waschungen mit Chlorkalk ein. Seitdem kam in der Heidelber-
ger Gebäranstalt keine sogenannte Kindbettfieber-Epidemie mehr vor. Es ereigneten sich nur einzelne Erkrankungen, und sehr wenig Wöchnerinen starben, so
daß unter 300 Entbundenen nur ein Todesfall im
Wochenbette vorkam." *)

Mehrere Professoren der Geburtshilfe haben die
von mir entdeckte Wahrheit erkannt, selbe mit Erfolg beobachtet, was die in ihren Gebärhäusern verminderte Sterblichkeit beweiset, sind aber nicht redlich
genug, um das auch öffentlich anzuerkennen.

Dietl's Ausspruch bewahrheitend, welcher sagt:
„Im Ganzen hört man jetzt wohl weniger von diesen
verheerenden Puerperal-Epidemien. Vielleicht liegt
die Ursache in Beobachtung jener Einrichtungen, die
sich auf ihre Erfahrungen basiren — — ohne daß
man es selbst, und der Oeffentlichkeit gegenüber einge-
stehen will." Krakau 28. April 1858. (Seite 306, Zeile
17 von oben.)

Zwei Professoren von dieser Categorie haben
sogar gegen meine Lehre, welcher sie die Verminde-

---

*) Monatschrift für Geburtskunde 2c. Band 18. Heft 5.

rung der Sterblichkeit im eigenen Gebärhause verdan=
ken, geschrieben; Scanzoni nämlich und Carl Braun.

Scanzoni raffinirter als Carl Braun verräth sich
nirgends, daß er gegen seine bessere Ueberzeugung
schreibt; Er gesteht nur so viel, daß Er für einzelne
Fälle eine derartige Infection nicht in Abrede stellen
will. Im Jahre 1841 starben an der I. Geburtsklinik
zu Wien 237 Wöchnerinen, im Jahre 1845 starben
241, im Jahre 1844 starben 260, im Jahre 1843
starben 274, im Jahre 1846 starben 459, im Jahre
1842 starben 518 Wöchnerinen. Im Jahre 1848
wurden derartige Infectionen so viel als möglich ver=
hütet, die Sterblichkeit sank auf 45 Todte, zum un=
umstößlichen Beweise, daß Scanzoni im Rechte ist,
wenn Er eine derartige Infection nur für einzelne Fälle
gelten läßt.

Aber Carl Braun wiederholt meine Lehre an so
zahlreichen Stellen in dem Aufsatze, der gegen meine
Lehre geschrieben ist, daß man auch ein so confuser
Compilator sein muß, wie Carl Braun einer ist, wenn
man bei Durchlesung dieses Aufsatzes nicht zur Ueber=
zeugung gelangt, daß Carl Braun gegen seine bessere
Ueberzeugung geschrieben.

Scanzoni sagt in der Vorrede zu seinem Lehrbu=
che der Geburtshilfe, daß ihm nahe an 8000 Gebur=
ten als Beobachtungsobject im Prager Gebärhause
zur Disposition standen.

In seiner Oppositionsschrift gegen meine Lehre,
welche Scanzoni gemeinschaftlich mit Bernhard Sey=
fert im Jahre 1850 in der Prager Vierteljahrsschrift
veröffentlichte, theilt Scanzoni die Monatsrapporte
vom 1. Mai 1847 bis letzten August 1848, also die

Monatsrapporte von 16 Monaten mit, in welchen 2721 Wöchnerinen verpflegt wurden, von welchen 86 starben. Dreimal 2721 Wöchnerinen genommen gibt 8163 Wöchnerinen, und dreimal 86 Todte genommen gibt 258 Todte.

Scanzoni theilt die Entzünduugen im Wochenbette in solche ein, welche nicht Puerperalfieber sind, und in solche, welche Puerperalfieber sind. Wir haben in unserem Werke über Kindbettfieber bewiesen, daß die Entzündungen, welche Scanzoni nicht als Puerperalfieber anerkannt, gerade so genuines Puerperalfieber sind, wie die Entzündungen, welche Scanzoni als Puerperalfieber anerkannt. Nicht Puerperalfieber ist nach Scanzoni die Endometritis, die Metritis, die Metrophlebitis, die Metrolymphangoitis, die Peritonitis, die Oophoritis, die Salpingitis, die Colpitis; das eigentliche Puerperalfieber ist nach Scanzoni die Hyperinose, die Pyaemie, und die Blutdissolution.

Das gibt eilf Formen, und Scanzoni hat blos an Endometritis hunderte von Wöchnerinen erfolglos behandelt; Scanzoni hat hunderten von Sectionen verstorbener Wöchnerinen beigewohnt, da man aber bei 258 Todten und bei eilf verschiedenen Formen nicht hunderte von Wöchnerinen blos an Endometritis erfolglos behandeln kann, und nicht hunderten von Sectionen verstorbener Wöchnerinen beiwohnen kann, so ist der natürliche Schluß, daß die Sterblichkeit im Prager Gebärhause vor den 1. Mai 1847 eine bedeutend größere war. Und wie bedeutend die Sterblichkeit im Prager Gebärhause vor den 1. Mai 1847 gewesen sein müsse, geht daraus hervor, daß Scanzoni uns erzählt, von 2721 Wöchnerinen seien 86 nach dem 1. Mai 1847 gestorben, folglich bleiben 5279 Wöchnerinen vor dem 1. Mai 1847 für die hunderte von Fällen, wo Scanzoni die Wöchnerinen erfolglos an Endometritis behandelte, folglich bleiben 5279 Wöchnerinen für die hunderten von Sectionen verstorbener Wöchnerinen, denen Scanzoni beizuwohnen Gelegenheit hatte. Diese Sterblich= keit ist um so schrecklicher, wenn man selbe mit den 54 Todten von 9524 Wöchnerinen aus den 7 Jahren 1786—92 und mit den 85 Todten von 12,756 Wöch= nerinen der 8 Jahre von 1801—8 im Wiener Gebär= hause, und mit den 48 Todten von 8847 Wöchneri= nen in den vier Jahren 1830—33, mit den 66 Todten von 9814 Wöchnerinen der 6 Jahre 1795—1800, mit den 92 Todten von 12,370 Wöchnerinen der 4 Jahre 1814—17, und mit den 97 Todten von 14,606 Wöchnerinen der 6 Jahre 1804—1809 der Dubliner Rotunda vergleicht. Die Verminderung der Sterblichkeit im Prager Gebärhause war dadurch be= dingt, daß Scanzoni durch vier und ein halbes Monat Chlorwaschungen machen ließ, und daher seinen Schü= lern nothwendigerweise sagen mußte, warum das ge= schehe; Scanzoni behauptet ja selbst, daß Er die Chlor= waschungen strengstens beobachten ließ, jedoch erfolg= los, was nicht richtig ist; wir haben ja eben bewie= sen, daß die Sterblichkeit im Prager Gebärhause vor den 1. Mai 1847 eine schreckliche gewesen sei, aber ei= nen vollkommenen Erfolg hat Scanzoni nicht erreicht, weil die Sterblichkeit 3,1% blieb, eine allerdings be= deutende Sterblichkeit. Und diese bedeutende Sterb= lichkeit von 3,1% hat zum Theil die Unredlichkeit Scan= zoni's verschuldet, welcher gegen seine bessere Ueber= zeugung gegen mich geschrieben, folglich auch seinen

Schülern gegenüber gegen meine Lehre, gegen seine bessere Ueberzeugung gesprochen hat, wodurch die strenge Beobachtung der Chlorwaschungen Seitens der Schüler beeinträchtiget wurde; zum Theile hat diese 3,1% Sterblichkeit auch die Unwissenheit Scanzoni der wichtigsten Lehrsätze meiner Lehre, wie aus seiner Opposition gegen meiner Lehre hervorgeht, verschuldet, wodurch Mißgriffe, welche einen vollkommenen Erfolg vereitelten, nicht zu umgehen waren.

Eine zweite Ursache der Verminderung der Sterblichkeit war auch die: daß viele Aerzte ihr Weg zufällig von Wien nach Prag führte, die dann in Prag erzählten, was Semmelweis in Wien thut, um das verhütbare Resorbtionsfieber in der Fortpflanzungsperiode des Weibes, entstanden durch verhütbare Infectionen von Außen, zu verhüten, wodurch die Schüler des Prager Gebärhauses bei jeder zufälligen Ankunft eines Arztes aus Wien an meiner Lehre erinnert wurden, und welch guten Erfolg das hatte, ersieht der Leser daraus, daß troß der gewiß höchst geistreichen Bemerkungen Scanzoni gegenüber seiner Schüler gegen meine Lehre, es Scanzoni doch nicht gelungen ist, die Sterblichkeit höher als 3,1% hinaufzutreiben, an einer Anstalt, an welcher Scanzoni früher die beneidenswerthe Gelegenheit hatte, hunderte von Wöchnerinen blos an Endometritis erfolglos zu behandeln, und hunderten von Sectionen verstorbener Wöchnerinen beizuwohnen. Den guten Erfolg, den dieser Umstand hatte, daß die Schüler des Prager Gebärhauses durch zufällig von Wien nach Prag gekommene Aerzte an meine Lehre erinnert wurden, beweiset auch das Factum, daß jeßt, wo die von Wien zufällig nach

Prag kommenden Aerzte keine Veranlassung haben zu erzählen, was Carl Braun in Wien zur Verminderung des Kindbettfiebers thut, daß es jetzt Dr. Bernard Seyfert, Professor der Geburtshilfe an der Klinik für Aerzte zu Prag, und Dr. Johann Streng, Professor der Geburtshilfe an der Klinik für Hebammen zu Prag, gelungen ist, in der Klinik für Aerzte die Sterblichkeit auf 7,39%, und in der Klinik für Hebammen auf 7,04% als durchschnittliche Sterblichkeit vom 1. Jänner 1855 bis 31. December 1860 hinaufzutreiben.

Dr. Bernard Seyfert wurde unterm 23. Februar 1855 zum Professor der Geburtshilfe an der Klinik für Aerzte zu Prag ernannt.

Scanzoni hat in Würzburg innerhalb 6 Jahren von 1639 Wöchnerinen nur 20 am Kindbettfieber verloren, an einer Anstalt, an welcher Kiwisch eine größere Sterblichkeit hatte, als selbe je in Wien gewesen.

Ueber die Pseudo-Kindbettfieber-Epidemien im Würzburger Gebärhause der Jahre 1859 und 60 habe ich meine Ansicht in zwei offenen an Scanzoni gerichteten Briefen ausgesprochen.

Und damit haben wir bewiesen, daß Scanzoni die von mir entdeckte Wahrheit erkannt, daß Er mit Erfolg selbe beobachtet, was die im Prager und Würzburger Gebärhause verminderte Sterblichkeit beweiset, daß Scanzoni aber nicht redlich genug ist, das auch öffentlich anzuerkennen.

In Folge dieser Unredlichkeit hat Scanzoni sogar gegen die von mir entdeckte, von ihm erkannte, und mit Erfolg beobachtete Wahrheit gegen seine bessere Ueberzeugung geschrieben.

Daburch hat Scanzoni als Schriftsteller viele
Aerzte zum Verderben derer Pflegebefohlenen im Irr=
thume erhalten, als Lehrer hat Er seine Schüler und
Schülerinen nicht in meiner Lehre unterrichtet, weil
Scanzoni nicht gegen meine Lehre schreiben und für
meine Lehre sprechen kann.

Seinen Schülern und Schülerinen gegenüber hat
Scanzoni meine Lehre nur maskirt in Anwendung ge=
bracht, wie die Maßregel beweiset, welche Scanzoni
in der Pseudo=Kindbettfieber=Epidemie im Jahre 1859
in Anwendung brachte; Scanzoni ließ nämlich seine
Schüler nicht untersuchen, nicht um die Einführung
zersetzter Stoffe, sondern um Gemüths=Affecte zu ver=
hüten. Selbst die Hebammen der ersten und zweiten
Classe hat Scanzoni nicht ins Geheimniß eingeweiht,
und die Folge von dem Allem ist, daß in dem neuen
mit den besten Einrichtungen versehenen Würzburger
Gebärhause in allen drei Classen, in Würzburg selbst,
und in dessen Umgebung die Wöchnerinen am verhüt=
baren Resorbtionsfieber, entstanden durch verhütbare
Infectionen von Außen, sterben.

Daburch ist Scanzoni zum Mitschuldigen gewor=
den an dem Vergehen, welches die überaus größte
Mehrzahl der Professoren der Geburtshilfe an der ge=
bärenden Menschheit und an der noch ungebornen
Frucht daburch begehen, daß die überaus größte Mehr=
zahl der Professoren der Geburtshilfe im fünfzehnten
Jahre nach Entdeckung der Lehre, wie das verhütba=
re Resorbtionsfieber in der Fortpflanzungsperiode des
Weibes, entstanden durch verhütbare Infectionen von
Außen, verhütet werden könne, noch immer nicht ihre
Schüler und Schülerinen in dieser Lehre unterrichten.

Und dadurch geschieht es, daß diese in meiner Lehre nicht unterrichteten Schüler und Schülerinen den Indibiduen in den Gebärhäusern so häufig von Außen zersetzte thierisch-organische Stoffe beibringen, daß in den Gebärhäusern noch immer das verhütbare Resorbtionsfieber in der Fortpflanzungsperiode des Weibes, entstanden durch verhütbare Infection von Außen, so häufig vorkommt, dadurch geschieht es, daß diese, in meiner Lehre nicht unterrichteten Schüler und Schülerinen in ihrer selbstständigen Praxis das fortsetzen, was selbe im Gebärhause begonnen, das heißt, daß selbe auch in ihrer selbstständigen Praxis ihren Pflegebefohlenen zersetzte thierisch-organische Stoffe von Außen in geographischer Verbreitung einbringen, wodurch es geschieht, daß das verhütbare Resorbtionsfieber in der Fortpflanzungsperiode des Weibes, entstanden durch verhütbare Infection von Außen in geographischer Verbreitung vorkömmt. Und diese verhütbaren Resorbtionsfieber in- und außerhalb der Gebärhäuser werden unter der Aufschrift von beobachteten Kindbettfieber-Epidemien in- und außerhalb der Gebärhäuser veröffentlicht.

Und es zeigt, wie wenig die allgemeine Meinung der medicinischen Welt durch meine Lehre bis jetzt aufgeklärt wurde, daß eine aus einem Gebärhause veröffentliche Kindbettfieber-Epidemie nicht nur die Absetzung des Betreffenden, wegen Unfähigkeit oder wegen bösen Willen auf Einrathen des, bei der Regierung als officiellen Rathgebers fungirenden Arztes nach sich zieht, daß eine veröffentliche Kindbettfieber-Epidemie nicht nur nicht eine allgemeine Indignation der medicinischen Welt gegen den Betreffenden hervorruft, im

Gegentheile eine beobachtete Kindbettfieber-Epidemie wird im fünfzehnten Jahre nach Entdeckung der Lehre, wie diese Epidemien abzuschaffen seien, zur Belehrung der medicinischen Welt veröffentlicht.

Dieses Factum ist für mich eine dringende Auf= forderung, energisch für die Verbreitung der Wahr= heit zu wirken, um der entsetzlichen Verschwendung von Menschenleben baldigst ein Ende zu machen.

Sollten sich die Professoren nicht baldigst dazu bequemen, ihre Schüler und Schülerinen in meiner Lehre zu unterrichten, sollten die Regierungen noch länger die Kindbettfieber-Epidemien in den Gebärhäusern dul= den, so werde ich, um wenigstens die in geographi= schen Verbreitung Entbindenden vor dem Kindbettfie= ber zu schützen, mich an das hilfsbedürftige Publikum wenden, ich werde sagen: Du Familienvater weißt Du, was das heißt, einen Geburtshelfer oder eine Hebam= me zu Deiner Frau zu rufen, welche bei der Geburt ei= nes Beistandes benöthigt, das heißt so viel als Deine Frau und Dein noch ungeborenes Kind einer Lebens= gefahr aussetzen. Und wenn Du nicht Witwer werden willst, und wenn Du nicht willst, daß Deinem noch ungeborenen Kinde der Todeskeim eingeimpft werde, und wenn Deine Kinder ihre Mutter nicht verlieren sol= len, so kaufe Dir um einige Kreuzer einen Chlorkalk, gieße ein Wasser darauf, und lasse den Geburtshelfer und die Hebamme Deine Frau ja nicht innerlich unter= suchen, bevor sich nicht der Geburtshelfer, bevor sich nicht die Hebamme in Deiner Gegenwart die Hände in Chlor gewaschen haben, und auch dann noch laß den Geburtshelfer und die Hebamme noch nicht innerlich untersuchen, bis Du Dich nicht durch Bataften derer

Hände überzeugt haft, daß sich der Geburtshelfer und
die Hebamme so lange gewaschen haben, daß die Hän=
de schlüpfrich geworden.

Aber deshalb darfst Du die Schuld nicht dem Ge=
burtshelfer, nicht der Hebamme zuschreiben, daß selbe
für Deine Frau lebensgefährlich sind, die Schuld trägt
der Professor der Geburtshilfe, bei welchem der Ge=
burtshelfer, die Hebamme Geburtshilfe gelernt, und
welcher Professor dem Geburtshelfer, der Hebamme
nicht gelehrt, das verhütbare Resorbtionsfieber in der
Fortpflanzungsperiode des Weibes, entstanden durch
verhütbare Infection von Außen, zu verhüten.

Ich hoffe, das hilfebedürftige Publicum wird ge=
lehriger sein, als die Professoren der Geburtshilfe.

Das Wiener Gebärhaus wurde, wie schon ge=
sagt, den 16. August 1784 eröffnet. In den 77 Jah=
ren, nämlich bis zum letzten December 1860, des Be=
stehens des Wiener Gebärhauses wurden 278,669
Wöchnerinen verpflegt, davon starben 10,573, Mort.
Percent. 3,79 oder 1 von $26^{577}\frac{1}{10,573}$ Wöchnerinen.
Die Sterblichkeit war folgende:

39 Jahre Medicin in Wien ohne anatomische
Grundlage.

Vom 16. August 1784 bis letzten December
1822: Wöchnerinen 71,395, Todte 897, Mortalitäts=
Percent 1,25.

10 Jahre Medicin in Wien mit anatomischer
Grundlage.

Vom 1. Jänner 1823 bis letzten December 1832:
Wöchnerinen 28,429, Todte 1509, Mortalitäts=Per=
cent 5,30.

Trennung des Gebärhauses in zwei Abtheilungen
den 15. October 1833.

I. Abtheilung.   II. Abtheilung.

Schüler und Schülerinen an beiden Abtheilungen in gleicher
Anzahl vertheilt.

8 Jahre vom 1. Jänner 1833 bis letzten Dec.1840.

Wöchnerinen	Todte	Mort. Perct.	Wöchner.	Todte	Mort. Perct.
23,059	1505	6,56	13,097	731	5,58.

Durch eine allerhöchste Entschließung vom 10.
October 1840 wurden sämmtliche Schüler der I. Abtheilung und sämmtliche Schülerinen der II. Abtheilung behufs des geburtshilflichen Unterrichtes zugewiesen.

6 Jahre vor Einführung der Chlorwaschungen an
der Klinik für Aerzte.

Vom 1. Jänner 1841 bis letzten December 1846.

I. Abtheilung.   II. Abtheilung.
Klinik für Aerzte.   Klinik für Hebammen.

Wöchnerinen	Todte	Mort. Perct.	Wöchner.	Todte	Mort. Prct.
20,042	1989	9,92	17,791	691	3,38.

14 Jahre nach Einführung der Chlorwaschungen
an der Klinik für Aerzte in der zweiten Hälfte des Mai
im Jahre 1847. Vom 1. Jänner 1847 bis letzten December 1860.

Klinik für Aerzte.   Klinik für Hebammen.

Wöchnerinen	Todte	Mort. Perct.	Wöchner.	Todte	Mort. Prct.
56,104	1883	3,34	48,750	1368	2,80

I. Abtheilung.   II. Abtheilung.

28 Jahre vom 1. Jänner 1833 bis letzten December 1860.

Wöchnerinen Todte Mort. Perct. — Wöchner. Todte Mort. Prct.
99,209   5377   5,72.   79,636   2790   3,50.

Wenn wir die Jahre der einzelnen Epochen des Wiener Gebärhauses nach der relativen Sterblichkeit aneinanderreihen, so gibt das folgende Tabelle: während der 39 Jahre vom 16. August 1789 bis letzten December 1822, während welchen die Medicin in Wien noch der anatomischen Grundlage entbehrte, war die Sterblichkeit

25 Jahre 0 Perct. Wöchnerinen 44,838 Todt. 273=0,60 Perct.
7 „ 1 „ „ 12,074 „ 185=1,52 „
5 „ 2 „ „ 9,332 „ 219=2,34 „
1 „ 3 „ „ 2,062 „ 66=3,20 „
1 „ 4 „ „ 3,089 „ 154=4,98 „

39 Jahre   Wöchnerinen 71,395 Todte 897=1,25 Prct.

10 Jahre Medicin in Wien mit anatomischer Grundlage vom 1. Jän. 1823 bis letzten Dec. 1832.

Die Sterblichkeit war:

1 Jahr 2 Percent Wöchnerinen 2367 Todte 51=2,15 Percent
3 „ 3 „ „ 8961 „ 317=3,53 „
2 „ 4 „ „ 5923 „ 284=4,79 „
1 „ 6 „ „ 3353 „ 222=6,62 „
1 „ 7 „ „ 2872 „ 214=7,45 „
2 „ 8 „ „ 4953 „ 421=8,49 „

10 Jahre   Wöchnerinen 28,429 Tob. 1509=5,30 Perct.

Trennung des Gebärhauses in zwei Abtheilungen den 15. October 1833.

Schüler und Schülerinen an beiden Abtheilungen in gleicher Anzahl vertheilt.

8 Jahre vom 1. Jänner 1833 bis letzten Dec. 1840.

Die Sterblichkeit war an der I. Abtheilung:

1 Jahr	3	Percent	Wöchnerinnen	2987	Todte	91=3,04	Perct.
3 „	5	„	„	9084	„	491=5,40	„
2 „	7	„	„	5334	„	405=7,59	„
2 „	9	„	„	5654	„	518=9,16	„
8 Jahre			Wöchnerinnen	23,059	„	1505=6,56	Perct.

Die Sterblichkeit war an der II. Abtheilung:

2 Jahre	2	Percent	Wöchnerinnen	2426	Todte	63=2,59	Prcent.
3 „	4	„	„	5473	„	263=4,80	„
1 „	6	„	„	1784	„	124=6,99	„
1 „	7	„	„	1670	„	131=7,84	„
1 „	8	„	„	1744	„	150=8,60	„
8 Jahre			Wöchnerinnen	13,097	Todte	731=5,58	Percent.

Durch eine allerhöchste Entschließung vom 10. October 1840 wurden sämmtliche Schüler der I. Abtheilung und sämmtliche Schülerinnen der zweiten Abtheilung behufs des geburtshilflichen Unterrichtes zugewiesen.

6 Jahre vor Einführung der Chlorwaschungen an der Klinik für Aerzte.

Vom 1. Jänner 1841 bis letzten December 1846.

An der I. Abtheilung, an der Klinik für Aerzte, war die Sterblichkeit:

1 Jahr	6	Percent	Wöchnerinnen	3492	Todte	241=6,8	Percent.
1 „	7	„	„	3036	„	237=7,7	„

2 Jahr 8 Percent Wöchnerinen 6217 Todte 534= 8,5 Perct.
1 „ 11 „ „ 4010 „ 459=11,4 „
1 „ 15 „ „ 3287 „ 518=15,8 „

6 Jahre Wöchnerinen 20,042 Tod. 1989=9,92 „

An der II. Abtheilung an der Klinik für Hebammen war die
Sterblichkeit:

3 Jahre 2 Percent Wöchnerinen 9951 Todte 239=2,40 Perct.
1 „ 3 „ „ 2442 „ 86=3,05 „
1 „ 5 „ „ 2739 „ 164=5,09 „
1 „ 7 „ „ 2659 „ 202=7,05 „

6 Jahre Wöchnerinen 17,791 „ 691=3,38 „

14 Jahre nach der Einführung der Chlorwaschungen an der Klinik für Aerzte in der zweiten Hälfte des Mai 1847.

Vom 1. Jänner 1847 bis letzten December 1860.

Die Sterblichkeit war an der Klinik für Aerzte:

4 Jahre 1 Percent Wöchnerinen 15,624 Todte 275=1,76 Prct.
5 „ 2 „ „ 20,542 „ 497=2,41 „
1 „ 3 „ „ 3,925 „ 156=3,97 „
1 „ 4 „ „ 4,471 „ 181=4,00 „
2 „ 5 „ „ 7,149 „ 374=5,23 „
1 „ 9 „ „ 4,393 „ 400=9,10 „

14 Jahre Wöchnerinen 56,074 „ 1883=3,35 „

Die Sterblichkeit war an der Klinik für Hebammen:

1 Jahr 0 Percent Wöchnerinen 3306 Todte 32=096 Perct.
5 „ 1 „ „ 18,497 „ 271=1,46 „
3 „ 2 „ „ 10,788 „ 243=2,25 „
1 „ 3 „ „ 3,395 „ 121=3,05 „
1 „ 4 „ „ 3,070 „ 125=4,07 „
1 „ 5 „ „ 6,298 „ 366=5,81 „
2 „ 6 „ „ 3,396 „ 210=6,18 „

14 Jahre Wöchnerinen 48,750 Todte 1368=2,81 Prct.

Wenn wir die 28 Jahre des Bestehens der I. Abtheilung, ohne weitere Rücksichtsnahme, nach der relativen Sterblichkeit ordnen, so gibt das folgende Tabelle:

Vom 1. Jänner 1833 bis letzten December 1860.

Die Sterblichkeit war an der I. Abtheilung:

4	Jahre	1	Percent Wöchnerinen	15,624	Todte	275=1,76	Prct.
5	„	2	„ „	20,542	„	497=2,41	„
2	„	3	„ „	6,912	„	247=3,57	„
1	„	4	„ „	4,471	„	181=4,00	„
5	„	5	„ „	16,233	„	865=5,38	„
1	„	6	„ „	3,492	„	241=6,8	„
3	„	7	„ „	8,370	„	642=7,55	„
2	„	8	„ „	6,2170	„	534=8,5	„
3	„	9	„ „	10,047	„	918=9,13	„
1	„	11	„ „	4,010	„	459=11,4	„
1	„	15	„ „	3,287	„	518=15,8	„

28 Jahre   Wöchnerinen 99,209 T. 5,377=5,72 Prt.

Wenn wir dasselbe mit der II. Abtheilung thun, so zeigt sich folgende Sterblichkeit:

1	Jahr	0	Percent Wöchnerinen	3,306	Todte	32=0,96	Prct.
5	„	1	„ „	18,497	„	271=1,46	„
8	„	2	„ „	23,165	„	545=2,35	„
2	„	3	„ „	5,837	„	271=3,54	„
4	„	4	„ „	8,543	„	388=4,09	„
2	„	5	„ „	9,037	„	530=5,86	„
3	„	6	„ „	5,180	„	334=6,44	„
2	„	7	„ „	4,329	„	333=7,69	„
1	„	8	„ „	1,744	„	150=8,60	„

28 Jahre   Wöchnerinen 79,636 Tod. 2790=3,50 Prct.

Wenn wir die Frage stellen, von wie viel Wöchnerinen ist in den einzelnen Epochen des Wiener Gebärhauses Eine gestorben? So beantwortet diese Frage folgende Tabelle:

39 Jahre Medicin in Wien ohne anatomische Grundlage eine Wöchnerin von $79^{552}/_{807}$ Wöchnerinen und zwar:

1798.	1 Wöchnerin	von	$409^{1}/_{3}$	Wöchnerinen
1797.	1 "	"	$402^{2}/_{5}$	"
1788.	1 "	"	285	"
1787.	1 "	"	$281^{1}/_{3}$	"
1802.	1 "	"	$260^{6}/_{9}$	"
1794.	1 "	"	$252^{1}/_{7}$	"
1804.	1 "	"	$252^{6}/$	"
1805.	1 "	"	$234^{6}/_{9}$	"
1786.	1 "	"	$230^{1}/_{5}$	"
1816.	1 "	"	$200^{10}/_{12}$	"
1789.	1 "	"	178	"
1791.	1 "	"	$174^{3}/_{5}$	"
1812.	1 "	"	$157^{5}/_{9}$	"
1807.	1 "	"	$154^{1}/_{6}$	"
1806.	1 "	"	$144^{3}/_{15}$	"
1803.	1 "	"	$138^{7}/_{16}$	"
1815.	1 "	"	$136^{7}/_{19}$	"
1810.	1 "	"	124	"
1801.	1 "	"	$123^{15}/_{17}$	"
1790.	1 "	"	$122^{6}/_{10}$	"
1808.	1 "	"	$122^{1}/_{7}$	"
1822.	1 "	"	$117^{24}/_{26}$	"
1792.	1 "	"	$112^{6}/_{11}$	"
1817.	1 "	"	$118^{3}/_{25}$	"
1799.	1 "	"	$103^{7}/_{20}$	"
1813.	1 "	"	$92^{13}/_{21}$	"
1796.	1 "	"	$86^{12}/_{22}$	"
1809.	1 "	"	$70^{2}/_{15}$	"
1785.	1 "	"	$69^{2}/_{18}$	"

4 *

1821. 1 Wöchnerin von $59\tfrac{50}{55}$ Wöchnerinen
1784. 1 „ „ $47\tfrac{2}{6}$ „
1795. 1 „ „ $47\tfrac{12}{58}$ „
1818. 1 „ „ $45\tfrac{48}{56}$ „
1820. 1 „ „ $39\tfrac{73}{5}$ „
1793. 1 „ „ $38\tfrac{12}{44}$ „
1814. 1 „ „ $31\tfrac{16}{66}$ „
1819. 1 „ „ $20\tfrac{2}{154}$ „

10 Jahre Medicin in Wien mit anatomischer Grundlage 1 Wöchnerin von $18\tfrac{126}{1509}$ Wöchnerinen.

1827. 1 Wöchnerin von $46\tfrac{21}{51}$ Wöchnerinen.
1832. 1 „ „ $31\tfrac{77}{105}$ „
1828. 1 „ „ $28\tfrac{3}{101}$ „
1830. 1 „ „ $25\tfrac{22}{111}$ „
1829. 1 „ „ $21\tfrac{72}{140}$ „
1824. 1 „ „ $20\tfrac{51}{144}$ „
1831. 1 „ „ $15\tfrac{23}{222}$ „
1823. 1 „ „ $13\tfrac{90}{214}$ „
1826. 1 „ „ $12\tfrac{55}{192}$ „
1825. 1 „ „ $11\tfrac{75}{229}$ „

8 Jahre I. Abtheilung.   8 Jahre II. Abtheilung.

23,059 Wöchner. 1505 Todte	13,097 Wöchner. Todte 1 von
1 von $15\tfrac{481}{1505}$.	$17\tfrac{679}{731}$.
1838. 1 Wöchner. von $32\tfrac{76}{91}$	1833. 1 Wöchner. von $44\tfrac{1}{8}$
1833. 1 „ „ $18\tfrac{191}{197}$	1840. 1 „ „ $37\tfrac{49}{55}$
1839. 1 „ „ $18\tfrac{69}{151}$	1839. 1 „ „ $22\tfrac{8}{91}$
1835. 1 Wöchner. von $17\tfrac{142}{143}$	1838. 1 Wöchner von $20\tfrac{19}{88}$
1836. 1 „ „ $13\tfrac{77}{200}$	1835. 1 „ „ $20\tfrac{8}{84}$
1834. 1 „ „ $12\tfrac{197}{200}$	1837. 1 „ „ $14\tfrac{49}{124}$
1837. 1 „ „ $11\tfrac{1}{251}$	1836. 1 „ „ $12\tfrac{99}{131}$
1840. 1 „ „ $10\tfrac{219}{267}$	1834. 1 „ „ $11\tfrac{9}{150}$

6 Jahre Klinik für Aerzte.	6 J. Klinik für Hebammen.
1 Wöchnerin von $10\frac{152}{20,042}$ W.	1 Wöchnerin von $25\frac{51\%}{691}$ Wöchn.
1845. 1 Wöchner. von $14\frac{114}{241}$	1845. 1 Wöchner. von $49\frac{\%}{66}$
1841. 1 „ „ $12\frac{192}{237}$	1844. 1 „ „ $43\frac{31}{68}$
1844. 1 „ „ $12\frac{97}{260}$	1846. 1 „ „ $35\frac{79}{105}$
1843. 1 „ „ $11\frac{46}{274}$	1841. 1 „ „ $28\frac{34}{86}$
1846. 1 „ „ $8\frac{338}{459}$	1843. 1 „ „ $16\frac{115}{164}$
1842. 1 „ „ $6\frac{179}{516}$	1842. 1 „ „ $13\frac{33}{202}$

14 Jahr Klinik für Aerzte, nach Einführung der Chlorwaschungen.	14 Jahre Klinik für Hebammen.
1 Wöchner. von $29\frac{1497}{1883}$ W.	1 Wöchner. von $35\frac{86\%}{1368}$ W.
1848. 1 Wöchner. von $79\frac{1}{45}$	1847. 1 Wöchner. von $103\frac{19}{32}$
1851. 1 „ „ $55\frac{69}{75}$	1859. 1 „ „ $92\frac{31}{47}$
1859. 1 „ „ $50\frac{79}{81}$	1848. 1 „ „ $74\frac{37}{43}$
1850. 1 „ „ $50\frac{45}{74}$	1858. 1 „ „ $69\frac{39}{60}$
1858. 1 „ „ $48\frac{75}{86}$	1850. 1 „ „ $60\frac{21}{54}$
1853. 1 „ „ $44\frac{85}{94}$	1853. 1 „ „ $50\frac{69}{67}$
1860. 1 „ „ $44\frac{77}{90}$	1860. 1 „ „ $49\frac{43}{73}$
1849. 1 „ „ $37\frac{47}{103}$	1857. 1 „ „ $45\frac{60}{83}$
1857. 1 „ „ $34\frac{1}{124}$	1849. 1 „ „ $38\frac{65}{87}$
1856. 1 „ „ $25\frac{25}{156}$	1851. 1 „ „ $28\frac{7}{121}$
1852. 1 „ „ $24\frac{127}{181}$	1856. 1 „ „ $24\frac{79}{125}$
1847. 1 „ „ $19\frac{146}{176}$	1852. 1 „ „ $17\frac{96}{192}$
1855. 1 „ „ $18\frac{93}{198}$	1855. 1 „ „ $16\frac{141}{179}$
1854. 1 „ „ $10\frac{393}{400}$	1854. 1 „ „ $16\frac{36}{210}$

Wir wollen nun diese drei Tabellen interpretiren.

Während der ersten 39 Jahre des Bestehens des Wiener Gebärhauses, in welchen die Medicin in Wien noch der anatomischen Grundlage entbehrte, folglich nicht so häufig mit, durch zersetzte thierisch-organische Stoffe, verunreinigten Händen untersucht wurde, als zur Zeit, wo die Medicin in Wien die anatomische

Grundlage schon angenommen hatte, kamen 25 Jahre vor, in welchen nicht eine Wöchnerin von hundert Wöchnerinen starb. 1798 starb erst eine Wöchnerin von 409½ Wöchnerinen. Ein Gesundheitszustand, welcher selbst im Jahre 1848 aus Gründen, die wir schon erörtert, nicht erreicht wurde. Im Jahre 1848 starb eine Wöchnerin schon von 79¼₅ Wöchnerinen.

Wenn wir den Gesundheitszustand der Wöchnerinen in den ersten 39 Jahren des Wiener Gebärhauses mit dem Gesundheitszustande der Wöchnerinen in Groß-Brittanien vergleichen, so zeigt sich, daß selbst in diesem Zeitraume das verhütbare Resorbtionsfieber in der Fortpflanzungsperiode des Weibes, entstanden durch verhütbare Infektion von Außen, in Wien häufiger vorgekommen ist, als in den Gebärhäusern Groß-Brittaniens. Im City of London im Hospital starb von 1006 Wöchnerinen keine. Obwohl in den ersten 39 Jahren des Wiener Gebärhauses 6 Jahre vorkommen, wo die Zahl der verpflegten Wöchnerinen unter 1000 war, hat das Wiener Gebärhaus dennoch kein Jahr aufzuweisen, in welchem keine Wöchnerin gestorben wäre.

1784 Wöchnerinen	284	Todte	6=2,11%	oder	1	von	47⅓
1810 „	744	„	6=0,80%	„	1	„	124
1808 „	855	„	7=0,81%	„	1	„	122½
1785 „	899	„	13=1,44%	„	1	„	69³⁄₁₃
1809 „	912	„	13=1,42%	„	1	„	70³⁄₁₃
1807 „	925	„	6=0,64%	„	1	„	154⅙

Die größte Sterblichkeit innerhalb dieser 39 Jahre war 1819, von 3089 verpflegten Wöchnerinen starben 154=4,98% oder 1 von 20⅗₁₅₄ Wöchnerinen.

Diese Sterblichkeit wurde in 98 Jahren in der Dubliner Rotunda nicht erreicht. 1774 wurden in der

Rotunda 681 Wöchnerinen verpflegt, 21 starben 3,08% oder 1 von 32%/21. 1826 wurden in der Rotunda verpflegt 2440 Wöchnerinen, davon starben 81=3,33% oder 1 von 30¹%/81. Das sind die zwei ungünstigsten Jahre der Rotunda.

Wir haben schon erwähnt, daß die Aerzte in Groß-Brittanien in der Absicht ein Contagium zu zerstören, den zersetzten thierisch-organischen Stoff zerstören, welcher von einer puerperal-erkrankten Schwangeren, Kreißenden, Wöchnerin und von der Puerperal-Leiche herrührt; die Einbringung eines nicht puerperalen zersetzten thierisch-organischen Stoffes ist wegen Isolirtsein der Gebärhäuser erschwert.

Zur Zeit, als die Medicin in Wien der anatomischen Grundlage noch entbehrte, wurde auch im Wiener Gebärhause mittelst des nicht puerperalen zersetzten thierisch-organischen Stoffes selten das verhütbare Resorbtionsfieber in der Fortpflanzungsperiode des Weibes, entstanden durch verhütbare Infectionen von Außen, hervorgebracht, als später, wo die Medicin in Wien die anatomische Grundlage schon angenommen hatte, aber der puerperale zersetzte thierisch-organische Stoff, herrührend von einer puerperal-erkrankten Schwangeren, Kreißenden, Wöchnerin, von der Puerperal-Leiche wurde nicht zerstört, und dadurch war die Sterblichkeit in diesem Zeitraume bedingt. Von den 863, während der 34-jährigen Wirksamkeit Johann Lucas Boër's, verstorbenen Wöchnerinen sind sehr wenige unsecirt geblieben.

In den ersten 39 Jahren des Wiener Gebärhauses war die durchschnittliche Sterblichkeit 1,25%, es starb eine Wöchnerin von 79³⁵%/897 Wöchnerinen.

48

Der günstigste Gesundheitszustand war 1 Wöch-
nerin von 409$\frac{1}{3}$ Wöchnerinen, der ungünstigste 1 von
20$\frac{9}{154}$.

In den nächsten zehn Jahren, in welchen die Medicin in Wien schon die anatomische Grundlage an-
nahm, steigerte sich die durchschnittliche Sterblichkeit
auf 5,30%, es starb 1 von 18$\frac{1267}{1509}$ Wöchnerinen.
Der günstigste Gesundheitszustand war 1 von 46$\frac{24}{31}$
und der ungünstigste 1 von 11$\frac{75}{229}$ Wöchnerinen.

Die Steigerung der Sterblichkeit in diesem Zeitraume war dadurch bedingt, daß in diesem Zeitraume
mehr, als im vorhergehenden auch mittelst des nicht puerperalen zersetzten Stoffes von Außen inficirt wurde.

In den nächstfolgenden 8 Jahren, in welchen
Schüler und Schülerinen an beiden Abtheilungen in
gleicher Anzahl vertheilt waren, steigerte sich die durchschnittliche Sterblichkeit an der I. Abtheilung auf 6,56%
oder 1 von 15$\frac{481}{1505}$, an der II. Abtheilung auf 5,58%
oder 1 von 17$\frac{67}{31}$; das günstigste Jahr war 1 von
32$\frac{75}{91}$ an der I. Abtheilung, und 1 von 44$\frac{1}{8}$ auf der
II. Abtheilung.

Das ungünstigste Jahr an der I. Abtheilung war
1 von 10$\frac{209}{267}$, an der II. Abtheilung 1 von 11$\frac{9}{150}$.

Die Ursache der Steigerung der Sterblichkeit in
diesem Zeitraume ist dieselbe, welche eine Steigerung
der Sterblichkeit im vorhergehenden Zeitraum hervor-
brachte.

In den nächstfolgenden 6 Jahren steigerte sich
die durchschnittliche Sterblichkeit an der I. Abtheilung
auf 9,92%, ungerechnet der massenhaften Transferirungen, oder 1 von 10$\frac{152}{2042}$, an der II. Abtheilung
sank die Sterblichkeit mit 3,38% oder 1 von 25$\frac{316}{611}$.

Das günstigste Jahr an der I. Abtheilung war 1 von 14^{118}/$_{241}$, an der II. Abtheilung 1 von 49^{9}/$_{66}$, das ungünstigste Jahr an der I. Abtheilung war 1 von 6^{179}/$_{318}$, an der II. Abtheilung 1 von 13^{53}/$_{202}$.

Die Ursache der Steigerung der Sterblichkeit an der I. Abtheilung in diesem Zeitraum war, daß durch Zuweisung sämmtlicher Schüler der I. Abtheilung, an der I. Abtheilung noch häufiger, als im vorigen Zeitraume mit nicht puerperalen zersetzten Stoffen inficirt wurde. Die Ursache der Verminderung der Sterblichkeit an der II. Abtheilung war, daß durch Entfernung der Schüler von der II. Abtheilung, an der II. Abtheilung weniger, als im früheren Zeitraume, mittelst nicht puerperaler zersetzter Stoffe inficirt wurde.

In der zweiten Hälfte Mai 1847 führte ich die Chlorwaschungen an der I. Abtheilung ein. Die Sterblichkeit war im Jahre 1847 5,04% oder 1 von 19^{146}/$_{176}$.

Im Jahre 1848, wo ich das ganze Jahr hindurch die Chlorwaschungen leitete, war die Sterblichkeit 1,27% oder 1 von 79^{1}/$_{45}$. Am 20. März 1849 folgte mir Carl Braun in der Affistenß. Vom 1. Jänner 1849 bis letzten December 1860 wurden 49,058 Wöchnerinen verpflegt, davon starben 1662= 3,38% oder 1 von 29^{850}/$_{1662}$. Es minderte sich demnach in diesen 12 Jahren, in welchen Carl und Gustav B aun an der I. Abtheilung dienten, die Sterblichkeit um 6,54% im Vergleiche zu den 6 Jahren, in welchen die I. Abtheilung ausschließlich Klinik für Aerzte war, ohne Chlorwaschungen.

Eine um 6,54% geringere Sterblichkeit bei 49,058 Wöchnerinen bedeutet so viel, daß 3208 Wöchnerinen, und die Kinder, welche von diesen 3208 Wöchnerinen

die Blutentmischung mitgetheilt erhalten hätten, und
ebenfalls gestorben wären, weniger gestorben sind.

Aber die Sterblichkeit steigerte sich in diesen zwölf
Jahren der Thätigkeit der Gebrüder Carl und Gustav Braun im Vergleiche mit dem Jahre 1848 um
2,11%, und eine um 2,11% größere Sterblichkeit bei
49,058 Wöchnerinen heißt so viel, daß 1035 Wöchnerinen gestorben sind, welche gerettet hätten werden
können, und wie groß mag die Anzahl der Kinder
sein, welche von diesen 1035 Wöchnerinen die Blutentmischung mitgetheilt erhielten, und ebenfalls starben, und wie groß mag die Zahl der im allgemeinen
Krankenhause am Kindbettfieber verstorbenen Wöchnerinen sein, welche während dieser 12 Jahre von der
I. Abtheilung dorthin transferirt wurden.

Diese gesteigerte Sterblichkeit hat die Unredlichkeit Carl Braun's verschuldet, welcher meine Lehre erkannt, selbe mit Erfolg beobachtet hat, was die Verminderung der Sterblichkeit beweist, welcher aber trotzdem gegen seine bessere Ueberzeugung, gegen meine
Lehre geschrieben, sogleich auch gegen seine bessere Ueberzeugung seinen Schülern gegenüber gegen meine
Lehre gesprochen hat, wodurch die strenge Beobachtung meiner Lehre Seitens der Schüler beeinträchtiget
wurde.

Und daß Carl Braun gegen seine bessere Ueberzeugung, gegen meine Lehre geschrieben, das hat Niemand schlagender bewiesen, als Carl Braun selbst in
seinem Aufsatze, den er gegen meine Lehre geschrieben.
Es wird genügen nur eine Stelle von den zahlreichen
Stellen anzuführen, an welchem Carl Braun meine

Lehre wiedergibt, in demselben Aufsatze, der gegen meine Lehre geschrieben.

Carl Braun sagt bei der Prophylaxis des Kind= bettfiebers *): „Da das Puerperalfieber oder Pyae= mie durch Einimpfung von Leichengift erzeugt werden, und durch Uebertragung von septischen Exsudaten, sowie durch das Zusammenwohnen mit Anderen an einer der verschiedenen symotischen Krankheiten, wie Typhus, Cholera, Scharlach, Masern u. s. w. Leiden= den verbreitet werden könne, so ist es die strengste Pflicht der Aerzte auf die Absonderung der gesunden Wöchnerinen von symotisch erkrankten Individuen, sowohl in Privatwohnungen, als in Gebärhäusern genau zu sehen, und niemals eine Untersuchung, oder eine Operation bei einer Schwangern, Gebärenden, Wöchnerinen zu gestatten, wenn kurze Zeit zuvor ein hilfeleistendes Individuum mit Leichentheilen oder septi= schen Exsudaten zu thun hatte"; und in der Anmer= kung wird gesagt: „Es ist daher die löblichste Vorsicht eines jeden Kliniker's, die klinischen Explorationen in den frühesten Morgenstunden vornehmen zu lassen, be= vor noch Beschäftigungen am Cadaver vorgenommen werden."

Und was für Unheil diese so irrebelehrten Schü= ler Carl Braun's stiften, davon lieferte Gustav Braun, Carl Braun's Schüler und Nachfolger der Assistens, ein warnendes Beispiel. Gustav Braun verlor im Jahre 1854, also im siebenten Jahre nach Einführung der Chlorwaschungen von 4393 Wöchnerinen 400 an Kindbettfieber, daher 9,10% oder 1 von $10^{35}/_{100}$ Wöch=

---

*) Klinik für Geburtskunde ꝛc. Seite 5—33.

nerinen. Eine Sterblichkeit, wie sie die Geschichte des
Kindbettfiebers nur noch einmal aufzuweisen hat. Im
Jahre 1840 starben an der I. Gebärklinik zu Wien
von 2889 Wöchnerinen 267=9,24% oder 1 von
$10^{219}/_{267}$ Wöchnerinen. Siehe §. 223. Um unseren Ausspruch zu bewahrheiten, daß die Geschichte des Kindbettfiebers nur noch eine so große Sterblichkeit, im
Jahre 1840, also sieben Jahre vor Einführung der
Chlorwaschungen, kennt, wie selbe im Jahre 1854
also sieben Jahre nach Einführung der Chlorwaschungen vorgekommen ist, wollen wir hier einen Auszug
der Geschichte des Kindbettfiebers nach Litzmann veröffentlichen. *) Litzmann stellt alle Pseudo-Kindbettfieber-Epidemien zusammen, welche exclusive bis zum
Jahre 1842 vorgekommen sind.

§. 94. So weit die vorliegenden historischen Dokumen-
te ein Urtheil gestatten, ist das Kindbettfieber
erst eine Krankheit der **neueren** Zeit. Die von
Hippocrates mitgetheilten Krankheitsfälle, die
man gewöhnlich als solche in Anspruch nimmt,
gehören nicht dahin. Es sind nur Beispiele der
damals herrschenden biliösen Fieber, die sich bei
den Wöchnerinen nicht anders verhielten, als
bei Nicht-Wöchnerinen, und Männern und von
Hippocrates selbst nirgends als besondere und
eigenthümliche Krankheiten bezeichnet werden.

§. 95. Dem ersten, wiewohl noch undeutlichen Spu-
ren des Kindbettfiebers begegnen wir in der zweiten Hälfte des 17. Jahrhunderts im Hôtel-Dieu

---

*) Das Kindbettfieber in nosologischer, geschichtlicher und thera-
peutischer Beziehung. Halle 1844.

zu Paris. Peu erzählt, daß in dem gedachten
Hospitale die Sterblichkeit unter den Neu-Ent-
bundenen sehr groß gewesen sei, und zwar zu gewissen Zeiten, und in gewissen Jahresabschnitten
mehr als in anderen. Besonders verheerend zeigte sich das Jahr 1664. Vesau, der Arzt des
Hospitals, schrieb den Grund dieser auffallenden
Sterblichkeit dem Umstande zu, daß die Wochen-
zimmer gerade über dem Saale der Verwundeten
lagen. Die Sterblichkeit der Wöchnerinen stand
in geradem Verhältnisse mit der Zahl der Verwundeten. Mit der Verlegung der Wöchnerinen
in den unteren Stock erlosch die Krankheit. Die
Beschreibung desselben ist höchst mangelhaft. Es
wird nur gesagt, daß die Kranken bis zu ihrem
Ende an Blutungen gelitten hätten, und daß
man bei der Section die Leichen voller Abscesse
gefunden habe.

§. 96. Nicht minder dürftig ist die von Thomas Bar-
tholin aus dem Jahre 1672 gegebene Notiz, die
von den meisten Schriftstellern — ob mit Recht,
ist schwer zu entscheiden, — auf eine Kindbettfieber-Epidemie bezogen wird. Sie lautet wört-
lich: „anno currente plusculae feminae Hafni-
enses vel abortum passae, vel difficultate par-
tus mortuos ediderunt, vel sectione per chi-
rurgum sibi extrahi discerpique viderunt, vel
febre variolisque exstincte. Et pleraeque fe-
mellas ediderunt, imbecillitatis iudicio. Juvit
humida anni constitutio et frigida, qua laxata
uteri ligamenta foetum, ut decet, constringere
non potuerunt.“

§. 97. Genauere Nachrichten hat uns Delamotte über eine Epidemie hinterlassen, welche zu Anfange des 18. Jahrhunderts in der Normandie herrschte. „Die Zahl der Erkrankten und Gestorbenen ist nicht angegeben."

§. 98. In den Wintermonaten der Jahre 1736 und 1737 wurden Paris und die Umgebung von einer Kindbettfieber-Epidemie heimgesucht, die viele Frauen hinraffte. „Die Zahl der Erkrankten und Gestorbenen ist nicht angegeben."

§. 99. Kindbettfieber-Epidemie zu Paris im Hôtel-Dieu im Jahre 1746. Sie herrschte besonders in den Monaten Jänner bis März, am gefährlichsten war sie im Februar, wo im Spitale von 20 Erkrankten kaum eine gerettet wurde. „Sectionen wurden gemacht."

§. 100. Ueber eine Kindbettfieber-Epidemie zu Lyon im Frühjahre 1750 hat uns Pouteau, der damalige Oberwundarzt am Hôtel-Dieu dieser Stadt, einige Mittheilungen gemacht. „Die Zahl der Erkrankten und Gestorbenen ist nicht angegeben." In zwei Fällen wurde die Section gemacht.

§. 101. Von einer Kindbettfieber-Epidemie, die im Jahre 1760 in London herrschte, erzählt Leake, ohne jedoch eine nähere Beschreibung derselben. Er sagt nur, daß die Anzahl der im brittischen Accouchir-Hospital an dieser Krankheit verstorbenen Wöchnerinen vom 12. Juli bis zum letzten December des Jahres sich auf 24 belaufen habe. Mackintosh gedenkt in seinem historischen Rese-

rate über das Kindbettfieber einer Epidemie zu
Aberdeen in den Jahren 1760—61.

§. 102. Ueber eine sehr mörderische Kindbettfieber-Epi=
demie zu London im Jahre 1761 finden wir ei=
ne kurze Notiz von White aufgezeichnet, es star=
ben in einem kleinen Privat=Accouchir=Hospitale
blos in dem einzigen Monate Juni 20 an Kind=
bettfieber.

§. 103. Ueber die gefährlichen Kindbettfieber, die Wil-
liam Hunter beobachtete, fehlt es an genaueren
Mittheilungen. In 2 Monaten wurden 32 Wöch=
nerinen befallen, und nur eine genas.

§. 104. Im Gebärhause zu Dublin herrschte das Kind=
bettfieber nach der Angabe von Joseph Clarke
zuerst im Jahre 1767, zehn Jahre nach seiner
Eröffnung. Vom 1. December bis zum Ende des
Mai Monates starben von 360 Ertbundenen 16.
4,44% oder 1 von 22⁵/₁₆ Wöchnerinen Nach ei=
ner anderen von demselben Autor in einem Brie=
fe von Armstrong gegebenen tabellarischen Ue=
bersicht der Ereignisse in Dubliner Gebärhause
vom 8. December 1757 bis 31. December 1816
starben in den Jahren 1767 und 1768 27 Wöch=
nerinen von 1319 Wöchnerinen 1,97% oder 1
von 50¹⁹/₂₆ Wöchnerinen.

§. 105. Kindbettfieber-Epidemie zu London im Winter
1769—70 beschrieben von Leake. Die Epide=
mie dauerte von Anfangs December 1769 bis
zum 15. Mai 1770. In dieser Zeit erkrankten
von 63 Entbundenen 19 und starben 3. In
der zweiten Hälfte des Mai kamen noch mehre=

re aber gelindere Krankheitsfälle vor, von denen zwei tödtlich endeten. Sectionen wurden gemacht.

§. 106. In der Kindbettfieber-Epidemie zu Wien in dem Hospitale zu St. Marx im Winter 1769—70 beschrieben von Fauken erkrankten 50 Personen, 10 starben. Sectionen wurden gemacht.

§. 107. Auch das Jahr 1771 soll nach der Angabe White für die Wöchnerinen in einigen Hospitälen London's sehr gefährlich gewesen sein.

§. 108. Im Jahre 1773 zeigte sich das Kindbettfieber in der geburtshilflichen Abtheilung des Krankenhauses zu Edinburg sehr bösartig. Professor Young äußert sich darüber mit folgenden Worten: „Die Krankheit begann Ende Februar und befiel fast alle Frauen innerhalb der ersten 24 Stunden nach der Entbindung; sämmtliche Erkrankte starben bei jeder Behandlung. In der Stadt herrschte die Krankheit nicht; die Wöchnerinen erholten sich zwar langsamer, als in den früheren Jahren, aber kaum eine starb. Dieser Umstand ließ mich eine locale Infection vermuthen, und bestimmte mich, das Hospital für eine Zeitlang zu schließen, und eine vollständige Reinigung der Zimmer und Betten vorzunehmen, nachdem ich sechs Frauen verloren hatte."

§. 109. Kindbettfieber-Epidemie zu Paris im Hôtel-Dieu in den Jahren 1774 bis 1786. Die Krankheit herrschte vorzugsweise in den Wintermonaten von November bis zum Jänner, am stärksten 1774 und 75, wo von je 12 Entbundenen etwa 7 befallen wurden. Sectionen wurden gemacht.

Noch genauere Aufschlüsse über das Hôtel-
Dieu und die Ursache das daselbst herrschenden
Kindbettfiebers gibt uns Osiander (Seite 203
meines Werkes), er sagt: „In dem merkwürdi-
gen Berichte, welchen Tenon im Jahre 1788
von den Hospitälern in Paris der Regierung ab-
stattete, liest man Seite 241, daß die Unterleibsentzündung „la fiévre puerperal‟, wie der Verfaf-
fer die Krankheit immer nennt, seit dem Jahre
1744 alle Winter unter den Wöchnerinen des
Hôtel-Dieu gewüthet habe, und daß zu manchen
Zeiten von 12 Wöchnerinen 7 von dieser furchtbaren Krankheit befallen worden seien. Um dieß
nicht auffallend zu finden, muß man wissen, in
welchem bedauerungswürdigen Zustande die Wöchnerinen und die Schwangeren sich damals im
Hôtel-Dieu befanden. In niedrigen und schmalen
Sälen der oberen Etage, die mit Betten über-
füllt waren, eingeschlossen, traf es sich nicht selten, daß drei Wöchnerinen in einem vier Fuß
breiten Bette nebeneinander zu liegen kamen,
denn im Jahre 1786 lagen in 67 nicht übermäßig
breiten Betten 175 Schwangere und Neuentbun
dene und 16 Aufwärterinen. Ueber dieß befanden sich die Säle der Wöchnerinen über anderen
Krankensälen des Hôtel-Dieu, und wenn auch
die Verwundeten damals schon nicht mehr wie
ehemals unter den Sälen der Wöchnerinen lagen, so darf man doch annehmen, daß schon die
Nähe der größeren Krankensäle zur Verderbniß der
Luft und zur Erzeugung gefährlicher Miasmen in
den Sälen der Wöchnerinen beigetragen haben.‟

5

58

§. 110. Während dieser Zeit (1774 bis 1786), da das Kindbettfieber im Hôtel-Dieu, seiner Wiege und Herberge wüthete, wurde es auch an anderen Orten beobachtet. Im Gebärhause zu Dublin herrschte es im Jahre 1774. Von 280 Entbundenen starben in den Monaten März, April und Mai 13.

§. 111. Butter berichtet über das Kindbettfieber in Derbyshire im Jahre 1775. Die Zahl der Erkrankten und Verstorbenen ist nicht angegeben.

§. 112. Stoll beobachtete im Jahre 1777 ein so mildes Kindbettfieber in Wien, daß keine einzige Wöchnerin starb. Ist es Kindbettfieber gewesen?

§. 113. Im Sommer des Jahres 1778 beobachtete Selle eine Kindbettfieber-Epidemie in Berlin. Von 20 Befallenen starben 8. Sectionen wurden gemacht. Im Februar des Jahres 1780 erschien das Kindbettfieber plötzlich wieder, 7 Personen starben. In den folgenden Jahren kam es nur sporadisch vor.

§. 114. Im Herbste des Jahres 1781 herrschte eine Kindbettfieber-Epidemie im Geburts-Findelhause zu Cassel, welche Osiander beschrieb. Von 5 Erkrankten starben vier. 2 wurden secirt. In der Stadt starben um dieselbe Zeit mehrere Wöchnerinen sehr schnell. Eine der Verstorbenen wurde secirt.

§. 115. In den letzten Monaten des Jahres 1781 und im Jänner 1782 beobachtete Doublet das Kindbettfieber im Hospice de Santé zu Vaugirarb. Im November ſtarben 2, im Jänner eine Wöchnerin, ſelbe wurden ſecirt.

§. 116. Im Herbſte 1783 und im Frühjahre 1784 herrſchte in und um Gladenbach bei Gießen ein ſogenanntes Faulfieber. Im Februar ſtarben 9, im März 7 Wöchnerinen. Da die Sectionsbefunde mangeln, ſo iſt es nicht gewiß, ob dieſe Wöchne= rinen am Kindbettfieber oder an dem Faulfieber ſtarben.

§. 117. Schäffer erzählt in ſeiner Beſchreibung der „biliöſen Epidemie" zu Regensburg, daß beſon= ders im Spätſommer und Herbſte des Jahres 1784 viele Wöchnerinen erkrankten. Indeſſen, ſagt Litzmann, verdienen die hier beſchriebenen Krankheitsfälle eben ſo wenig, wie die von Stoll geſchilderten, den Namen eines Kindbettfiebers, wiewohl man ſie dafür angeſprochen hat.

§. 118. Im Herbſte und Winter des Jahres 1786 herrſchte das Kindbettfieber in Kopenhagen. Bang theilt die Geſchichte von 17 Kranken mit, die in den Monaten September bis December aus der Gebäranſtalt in das Hoſpital abgegeben wurden. 10 Kranke ſtarben. Sectionen wurden gemacht.

§. 119. Zu Ende des Jahres 1786 und zu Anfang des Jahres 1787 ſah Cerri eine Kindbettfieber= Epidemie zu Arzago in der Lombardei, welche keine Wöchnerin verſchonte. Die Zahl der Er= krankten und Geſtorbenen iſt nicht angegeben.

§. 120. Im Frühlinge des Jahres 1787 und im Win= ter von 1788 auf 1789 beobachtete Joseph Clarke eine ſehr gefährliche Kindbettfieber-Epide=

5 *

mie im Gebärhause zu Dublin. Der Andrang der Schwangeren zur Anstalt war so groß, daß oft zwei in ein Bett gelegt werden mußten. Außer dem war die Reparatur der Zimmer lange vernachläffiget, und während man noch damit umging, sie ins Werk zu setzen, brach die Epidemie aus. Die erste Wöchnerin erkrankte am 18. März, die zweite am 31., die dritte am 3. April, die vierte am 7., die fünfte am 10., die sechste am 11., am 14. zwei, am 15. zwei, und am 17. eine. Es starben 7. Sectionen wurden gemacht. Alsdann wurde eine durchgreifende Reinigung des Locales vorgenommen, die Wände frisch überstrichen, bei Tage große Feuer unterhalten, des Nachts die Fenster geöffnet. In Folge dieser Maßregeln kam in den Rest des Jahres, so wie in den ersten 10 Monaten des folgenden kein neuer Fall von Kindbettfieber vor. Im November 1788 brach aber die Krankheit auf's Neue aus. Am 14. November erkrankte die erste Wöchnerin, die zweite am 8. Dezember, am 21. zwei, am 23., 28., 29. und 31. eine an jedem Tage, am 3. Jänner eine, am 6. eine, am 14. zwei, und am 16. eine. Jeder deutlich ausgesprochene Fall von Kindbettfieber endet tödtlich; 5 andere mit zweifelhaften Symptomen hatten einen günstigen Ausgang. Außerdem erkrankten vom 18. December bis 23. Jänner 13 Frauen an einem Fieber ohne auszumittelndes Lokalleiden, von denen zwei starben. Eine neue Reinigung der Zimmer und Betten wurde vorgenommen, worauf die Krankheit erlosch.

§. 121. In der zweiten Hälfte des Jahres 1787 und zu Anfang des folgenden Jahres herrschte in London eine bösartige Kindbettfieber-Epidemie, die Johann Charke beschrieb. Gleichzeitig kam häufig Erysipel vor, und die mit Halsgeschwüren verbundene Bräune, mit und ohne Scharlachexanthen, wüthete stark in London und der Umgebung, ebenso typhöse Fieber. Manche erkrankten sehr schwer an den inoculirten Blattern, einige starben, bei denen sich Abscesse in der Achselhöhle gebildet hatten. Der erste Fall vom Kindbettfieber kam im Juli 1787 vor. Mehr als die Hälfte der Erkrankten starben. Sectionen wurden gemacht.

§. 122. Kindbettfieber-Epidemie in Aberdeen. Sie herrschte vom December 1789 bis zum October 1792 und ist von Gordon beschrieben. Von 77 Kranken starben 28. Sectionen wurden gemacht.

§. 123. Eine sehr mörderische Kindbettfieber-Epidemie, die in Kopenhagen zu Ende des Jahres 1792, und zu Anfang des folgenden beobachtet wurde, schildert Rink. Beim Steigen der Epidemie wurde von 20 Personen nicht eine gerettet. Sectionen wurden gemacht.

§. 124. Im Jahre 1792 und 1793 wüthete das Kindbettfieber in Wien; besonders im dortigen Gebärhause. Litzmann gibt die Zahl der Gestorbenen nicht an, laut der Tabelle, welche in meinem Werke Seite 62 enthalten ist, starben im Februar 1792 von 1574, 14 Wöchnerinen = 0,89%. Die

Epidemie begann im December. 1793 ſtarben von 1684 Wöchnerinen 44=2,61%.

§. 125. Oſiander erzählt in ſeinen Denkwürdigkeiten mehrere Fälle von Puerperal-Krankheiten, die ſich im Winter 179⅗ im Entbindungshauſe zu Göttingen ereigneten, und meiſt tödtlich endigten. Sectionen wurden gemacht.

§. 126. Im Jahre 1793 herrſchte eine Kindbettfieber-Epidemie im Hoſpitale d'Humanité zu Rouen. Leroy war eben in der Stadt anweſend. Nachdem mehrere Frauen geſtorben, wurde er conſultirt. In Folge ſeines Rathes hörte die Epidemie auf.

§. 127. Während das Kindbettfieber im Jahre 1794 im Wiener Gebärhauſe nur ſporadiſch (1768 Wöchnerinen 7 Todte 0,39%) beobachtet wurde, erſchien es in den letzten Monaten des Jahres 1795 und den erſten des folgenden auf's Neue als verheerende Epidemie. 1795 Wöchnerinen 1798, Todte 38=2,11%. 1796 Wöchnerinen 1904, Todte 22=1,16%. Sectionen wurden gemacht.

§. 128. In den beiden folgenden Jahren war der Geſundheitszuſtand in dem Wiener Gebärhauſe ein durchaus erfreulicher. 1797 Wöchnerinen 2012, Todte 5=0,24%, 1798 Wöchnerinen 2046, Todte 5=0,24%. Deſto gefährlicher war der Winter von 1799 auf 1800 für die Wöchnerinen. 1799 Wöchnerinen 2067, Todte 20=0,96%, 1800 Wöchnerinen 2070, Todte 41=1,98%. Viele von den Verstorbenen starben an Scarlatina. Sectionen wurden gemacht.

§. 129. Im Winter 1800 herrschte eine Kindbettfieber-Epidemie zu Grenoble. Die Epidemie dauerte 5 Monate und befiel 500 (?) Frauen, von denen jedoch nur eine kleine Zahl starb. Sectionen wurden gemacht.

§. 130. Jahre 1803 (Wöchnerinen 2028 Todte 44= 2,16%) herrschte eine Kindbettfieber-Epidemie im Gebärhause zu Dublin. Aber auch in den vorhergehenden und folgenden Jahren war die Sterblichkeit sehr groß. Im Jahre 1800 Wöchnerinen 1837, Todte 18=0,97, im Jahre 1801 Wöchnen 1725, Todte 30=1,71. 1802 Wöchnerinen 1985, Todte 26=1,30. 1804 Wöchnerinen 1915 Todte, 16=0,83. 1805 Wöchnerinen 2220, Todte 12=0,54. 1806 Wöchnerinen 2406, Todte 23=0,95.

§. 131. In den Monaten August bis October des Jahres 1805 wurde in Rostock und der Umgegend eine Kindbettfieber-Epidemie beobachtet, an der im Ganzen 11 Wöchnerinen starben. Alle wurden von derselben Hebamme entbunden.

§. 132. Im März und April des Jahres 1807 herrschte eine Kindbettfieber-Epidemie in dem Dorfe Créteil bei Paris. 5 Frauen starben.

§. 133. Vom November 1809 bis zum December 1812 beobachtete Hey das Kindbettfieber in Leeds. Gleichzeitig kam bei Nichtwöchnerinen ein Rothlauf sehr bösartiger Natur vor. Von 14 Kranken, die zwifchen den December 1809 und der Mitte des Juni 1810 behandelt wurden, ftarben 11.

§. 134. Foderé erwähnt einer in London 1810 von Maussetham beobachteten Epidemie.

§. 135. Ozanam erzählt von einer Kindbettfieber-Epidemie, die er während der erften 5 Monate des Jahres 1810 im St. Katharinen-Hofpital zu Mailand beobachtete. Aus mehr als 30 Beobachtungen theilt Ozanam nur einen Fall als Beifpiel mit; die Leiche wurde fecirt.

§. 136. In dem Winter von 1810 auf 1811 herrfchte eine Kindbettfieber-Epidemie im Gebärhaufe zu Dublin. 1809 Wöchnerinnen 2889, Todte 21=0,72. 1810 Wöchnerinnen 2854, Todte 29=1,01%. 1811 Wöchnerinnen 2561, Todte 24=0,93%.

§. 137. In demfelben Winter beobachtete Punch eine Kindbettfieber-Epidemie zu Landsberg in Sachfen. Innerhalb 3 Wochen ftarben 5 Wöchnerinnen. Sie waren fämmtlich von einer Hebamme entbunden, und mit dem Wechfel derfelben hörte die Krankheit auf. Punch felbft glaubt fie in einem Falle zu einer Kreißenden verfchleppt zu haben.

§. 138. In dem Jahre 1811 wüthete in dem weftlichen Theile der Graffchaft Sommerfet in England eine Kindbettfieber-Epidemie. Sie war fo mörderifch, daß während mehrer Monate nicht eine einzige Kranke gerettet wurde.

§. 139. Im Juni desfelben Jahres erfchien das Kindbettfieber im Gebärhaufe zu Heidelberg, und in einzelnen Fällen auch in der Stadt. Die Epi-

demie dauerte von Juni 1811 bis zu Ende April
1812. Von 182 Entbundenen erkrankten 59 und
starben 20. Sectionen wurden gemacht.

§. 140. Ueber das Vorkommen des Kindbettfiebers in
den Entbindungsanstalten von Paris in dem ganzen Zeitraume von 1786 bis 1812 besitzen wir
nur einzelne, unvollständige Notizen. Im Jahre
1805 starben im Hospital de la Maternite im
Monat Juli 13, im November 9, und im December 5, im Jahre 1807 im August 13, und
im November 7 Wöchnerinen. Im Hôtel-Dieu
starben im Jahre 1808 vom 19. Februar bis
20. März von 39 Erkrankten 36. In dem Hospital de la Maternite wüthete das Kindbettfieber im Jahre 1809 mit großer Heftigkeit, ebenso
im Jahre 1811 in den Monaten Juli bis September. Im Hôtel-Dieu starben in der ersten
Hälfte des Jahres von 25 Erkrankten 23. Im
Jahre 1812 wurden im Hospitale de la Maternite im Jänner 10, im Februar 9, im Juni
15, und im August 16 Todesfälle gezählt. Osiander sagt vom Hospital de la Maternite folgendes: Seit dem 9. December 1797 bis zum 31.
Mai 1809, also während 11 Jahren und sechs
Monaten, sind 17,308 Frauen entbunden. 2000
Entbundene zum wenigsten sind schwer erkrankt,
und 700 gestorben und secirt, also 4,04%, oder
1 von $24^{508}/_{700}$ Wöchnerinen. In den 5 Jahren
1803 bis exclusive 1808 sind 9645 Wöchnerinen verpflegt worden, 414 starben größtentheils
an Unterleibsentzündung, also 4,29%, oder 1
von $23^{114}/_{414}$. Die Maternite ist bekanntlich Un-

66

terrichtsanstalt für Hebammen, aber das Unterrichtssystem in der Maternite ist derart beschaffen, daß sich die Schülerinnen in der Maternite in solcher Ausdehnung die Hände mit zersetzten Stoffen verunreinigen, wie anderswo nur die Aerzte. Vom Unterrichtssystem in der Maternite sagt Osiander folgendes (Seite 128): den täglichen Visiten, die der Arzt in der Infirmerie der Wöchnerinnen macht, wohnt die Hebamme des Hauses und ein Theil der Hebammen-Schülerinnen bei. Jede Schülerin bekommt eine Kranke zur besondern Beobachtung, und sie wird angehalten, eine kurze Krankengeschichte, den Hergang der Geburt, und die Verordnungen des Arztes aufzusetzen. Ueberhaupt ist es auffallend genug, junge Mädchen zu sehen, die mit wichtiger Miene den Puls fühlen, und Krankenbeobachtungen aufschreiben.

Ferner sagt Osiander: Den Leicheneröffnungen, die in einem von dem Gebärhause etwas entfernten Gartenhause vorgenommen werden, wohnen die Schülerinnen gewöhnlich bei. Ich habe da oft mit Erstaunen gesehen, welchen lebhaften Antheil einige junge Mädchen an dem Zerfleischen der Leichen nahmen, wie sie mit entblößten und blutigen Armen, große Messer in der Hand haltend, untern Zank und Gelächter sich Becken herausschnitten, nachdem sie von dem Arzte die Erlaubniß erhalten hatten, dieselben für sich zu präpariren.

Osiander sagt: Unter den Beobachtungen bei den Leichenuntersuchungen, an die Baudelocque seine Zuhörerinnen erinnerte, ist besonders

die Zerreißung eines Pfoasmuskels in der An-
strengung der Geburt wichtig.

Osiander sagt: Der Brand an den Geburts-
theilen kam, so lange ich die Maternite besuchte,
verschiedene Male unter den Wöchnerinen vor,
gerade zu derselben Zeit, wo Unterleibsentzündun-
gen besonders häufig waren. Für mich war diese
Krankheit in der furchtbaren Gestalt, unter der sie
sich äußerte, ganz neu; in der Maternite erregte
sie aber kein besonderes Aufsehen, indem sie hier
nicht zu den Seltenheiten gehört.

Der Leser kann aus diesen Citaten die Ausdehnung entnehmen, in welcher sich die Hebamme in der Maternite von Kranken und Leichen
her, ihre Hände mit zersetzten Stoffen verunreinigen.

§. 141. Im Jahre 1812 herrschte das Kindbettfieber
zu Halloway in der Nähe von London. 6 Wöchnerinen erkrankten, 5 starben, 4 wurden secirt.

§. 142. Im Winter 1812—13 wurde in dem Krankenhause und in der Stadt Dublin eine sehr
mörderische Kindbettfieber-Epidemie beobachtet.
Im Jahre 1812 starben von 2676 Wöchnerinen
43=1,60% oder 1 von 62$\frac{10}{43}$ Wöchnerinen. Im
Jahre 1813 starben von 2484 Wöchnerinen
62=2,49% oder 1 von 40$\frac{1}{62}$.

§. 143. In den Jahren 1811—13 herrschte eine Kindbettfieber-Epidemie in verschiedenen Theilen der
Grafschaften Durham und Northumberland. Von
43 Erkrankten kamen 40 in der Praxis des

Dr. Gregson vor, 37 wurden gerettet, also starben 6.

§. 144. In den Jahren 1813 und 1814 beobachtete West das Kindbettfieber in Abingdon und dessen Umgebung. 20 Wöchnerinen erkrankten. Interessant ist das Verhältniß zu dem Erysipelas, das damals sehr häufig war, und sich namentlich leicht zu Wunden aller Art gesellte. Beide Krankheiten begannen zu gleicher Zeit zu herrschen, und hörten ebenso mit einander auf, beide zeigten sich in denselben Ortschaften, und wo die eine fehlte, kam auch die andere nicht vor.

§. 145. In den Jahren 1812, 1813 und 1814 herrschte das Kindbettfieber im Prager Gebärhause, besonders 1814, wo allein im Monat März 12 Kranke starben, während die Zahl der im ganzen Jahre Entbundenen nur 450 betrug.

§. 146. In den Winter 1814—15 sah man eine bösartige Kindbettfieber-Epidemie in einem Hospital zu Edinburg. Fast alle Wöchnerinen erkrankten, und fast alle Befallenen starben. Sectionen wurden gemacht.

§. 147. Im Jahre 1819 starben im Wiener Gebärhau- von 3089 Wöchnerinen 154=4,98, also 1 von 20$\frac{9}{154}$ Wöchnerinen.

§. 148. In den Jahren 1816—17 herrschte das Kindbettfieber im Pensylvanian-Hospital zu Philadelphia.

§. 149. Im Sommer 1817 herrschte nach d'Outrepont's Angabe, eine gelinde Kindbettfieber-Epidemie im

Gebärhause zu Würzburg. 7 Erkrankte genasen sämmtlich.

§. 150. Im Jahre 1818 starben im Wiener Gebär=
hause von 2568 Wöchnerinen 56=2,18% oder
1 von 45$^{48}/_{56}$.

§. 151. In demselben Jahr herrschte das Kindbettfie=
ber in London. Armstrong beobachtete es theils
in seiner Privatpraxis, theils in einer öffentli=
chen Anstalt, deren Leitung er damals übernom=
men. Er hat 6 Fälle mitgetheilt, die sämmtlich
in den Monat October fielen. Gleichzeitig herrsch=
te die Krankheit im St. James=Hospital. Sectio=
nen wurden gemacht.

§. 152. In demselben Jahre herrschte auch in dem
Krankenhause zu Prag eine Kindbettfieber=Epide=
mie, die im August 1819 ihr Ende erreichte.

§. 153. Gleichzeitig wurde eine Kindbettfieber=Epide=
mie im Gebärhause zu Würzburg beobachtet. Sie
begann im October 1818 und dauerte bis zum
März 1819. Von 63 Entbundenen erkrankten
17, 4 starben, 11 wurden gesund entlassen,
und 2 an andere Anstalten abgegeben. In der
Stadt wüthete ein bösartiges Scharlachfieber,
von Januar ab kamen auch einzelne Fälle von
Kindbettfieber vor. Sectionen wurden gemacht.
Im Sommer 1819 kamen nur einzelne Krank=
heitsfälle unter den Wöchnerinen vor, meist mit
nachweisbarer äußerer Ursache. Im December
1819 aber brach das Kindbettfieber von Neuem
aus und herrschte bis zum März 1820. Von 53

Entbundenen erkrankten 13 und starben 3. In der Stadt dauerte noch das Scharlachfieber fort. Sectionen wurden gemacht.

§. 154. Im 154 §. wird neuerdings von der Epidemie im Wiener Gebärhause im Jahre 1819 gesprochen, von welcher schon im §. 147 die Rede war.

§. 155. In demselben Jahre vom Ende des Mai bis zum September beobachtete Cliet das Kindbettfieber in der allgemeinen Krankenanstalt der Charité zu Lyon.

§. 156. Auch in Glasgow herrschte in demselben Jahre eine Kindbettfieber-Epidemie.

§. 157. Gleichzeitig erschien das Kindbettfieber auch im Entbindungshause zu Stockholm.

§. 158. Auch in Paris und London war in diesem Jahre das Kindbettfieber sehr gefährlich, ebenso herrschte es in Kiel und Italien.

§. 159. Vom Ende des Jahres 1819 bis zum August 1820 herrschte das Kindbettfieber in dem Entbindungs-Institute zu Dresden, von 16 Erkrankten starben 6. Sectionen wurden gemacht.

§. 160. Im October 1819 zeigte sich in Bamberg das Kindbettfieber sowohl in der Stadt, als im Entbindungs-Institute. In der Stadt hörte die Epidemie im November auf, im Institute dauerte sie noch bis zum Jänner 1820 fort. In der Stadt verliefen die meisten Fälle tödtlich, eben so die ersten 4 im Institute, die folgenden 17 Kranken wurden gerettet. Sectionen wurden gemacht.

§. 161. Gleichzeitig herrschte auch das Kindbettfieber in Ansbach, Nürnberg und Dillingen.

§. 162. Auch in Dublin wüthete in diesem Winter das Kindbettfieber. Die Epidemie übertraf nach Douglas alle sonst im brittischen Reiche vorgekommene an Dauer und Tödtlichkeit. Im Jahre 1819 wurden 3197 Wöchnerinen verpflegt. 94 starben = 2,94 oder 1 von 34½₄ Wöchnerinen.

§. 163. Im Frühjahre und Sommer des Jahres 1821 herrschte das Kindbettfieber in der allgemeinen Krankenanstalt der Charité zu Lyon.

§. 164. Einer Epidemie zu Wien in demselben Jahre gedenkt Eisenmann. Im Jahre 1821 wurden verpflegt 3294 Wöchnerinen, davon starben 55=1,60% oder 1 von 59¹⁹⁄₅₅.

§. 165. Auch in London, so wie in Holland wurde das Kindbettfieber in diesem Jahre beobachtet, desgleichen in Prag.

§. 166. Vom März 1821 zum September 1822 herrschte eine Kindbettfieber-Epidemie in Edinburg, die von Campbell und Mackintosh beschrieben ist. Campbell verlor von 79 Erkrankten 22. Sectionen wurden gemacht.

§. 167. Scholz, der sich vom Jahre 1821 bis 1822 in Jerusalem aufhielt, erzählt, daß dort im Juli alle Wöchnerinen am Kindbettfieber zu Grunde gingen.

§. 168. Im Winter 1822—23 erschien das Kindbettfieber in Marburg im Entbindungs-Institute so-

wohl, als in der Stadt und Umgebung, gleich-
zeitig mit einer Scharlach= und Masernepidemie.
Sämmtliche im Institute Erkrankte, 37 an der
Zahl, wurden hergestellt.

§. 169. Zu Ende des Jahres 1822 und zu Anfang des
folgenden herrschte eine sehr mörderische Kindbett=
fieber=Epidemie im Wiener Gebärhause. Gleichzei=
tig herrschten vorzugsweise exanthematische Krank=
heiten, und namentlich das Scharlachfieber mit
großer Heftigkeit. Der Andrang zur Entbindungs=
anstalt war so groß, daß in die für 24 Betten be=
stimmten Säle 36 und mehr gestellt werden muß=
ten. Im Jahre 1822 starben von 3066 Wöch=
nerinen 26=0,84 oder 1 Wöchnerin von $137^{2\%}/_{26}$
Wöchnerinen. Im Jahre 1823 starben von 2872
Wöchnerin 214=7,45% oder 1 Wöchnerin von
$13^{9\%}/_{214}$. Sectionen wurden gemacht.

§. 170. Im Anfange des Jahres 1823 herrschte in
London im Queen Charlotte's-Lying im Hospi=
tal ein sehr bösartiges Kindbettfieber. Sectionen
wurden gemacht.

§. 171. Im Pensylvanian=Hospitale zu Philadelphia
herrschte das Kindbettfieber in den Jahren 1821
bis 1824, in Dublin im Jahre 1823. Wöchne=
rinen 2584, Todte 59=2,28%.

§. 172. Im Jahre 1824 starben im Entbindungs=
Institute zu Dresden 9 Wöchnerinen. Sectionen
wurden gemacht.

§. 173. Von der Mitte des November 1824 bis zum
Ende Jänner 1825 herrschte eine Kindbettfieber=

Epidemie im Entbindungshause zu München.
Von 104 Entbundenen erkrankten 3 im November, 8 im December und 3 im Jänner. Nur 2 genasen. Sectionen wurden gemacht.

§. 174. In den Jahren 1824 und 1825 herrschte das Kindbettfieber in der Entbindungsanstalt zu Stockholm. Im Jahre 1825 starben von 12 am Puerperalfieber-Erkrankten 10.

§. 175. Zu Anfang des Jahres 1825 herrschte das Kindbettfieber in der Stadt Berlin, in der Charité, und in der Gebäranstalt der Universität. Von 11 Erkrankten starben 6. Sectionen wurden gemacht.

§. 176. In demselben Jahre herrschte das Kindbettfieber in Petersburg und Wien. Wöchnerinen 2594, Todte 229=4,82% oder 1 von $11^{75}/_{229}$ Wöchnerinen; ferner in London, in Hannover und in Prag, hier gleichzeitig mit dem contagiösen Typhus exanthamaticus.

§. 177. Beaudelocque beobachtete im Jahre 1825 das Kindbettfieber in der Gebäranstalt zu Paris. Sectionen wurden gemacht.

§. 178. In demselben Jahre, so wie in dem folgenden, herrschte das Kindbettfieber in Edinburg. Gleichzeitig kam Erysipelas sehr häufig vor, und gesellte sich namentlich leicht zu Wunden aller Art.

§. 179. Im Jahre 1826 herrschte eine Kindbettfieber-Epidemie in der Charité zu Berlin. Im Jänner und Februar starben von 9 Erkrankten 5, im Mai und Juni von 12 Erkrankten 9. Sectionen wurden gemacht.

6

§. 180. In demselben Jahre wurde das Kindbettfieber zu Dublin beobachtet. Wöchnerinen 2440, Todte 81=3,33% oder 1 von 30¹⁰⁄₈₁. Auch in der geburtshilflichen Abtheilung des Krankenhauses in Birmingham zeigte es sich sehr verheerend. Man zählte 16 bis 18 Todesfälle, denn nicht eine der Befallenen genas. Sectionen wurden gemacht.

§. 181. In demselben Jahre herrschte die puerperale Peritonitis in der Gebäranstalt zu Paris.

§. 182. Im Jahre 1827 beobachtete Sonderland eine Kindbettfieber-Epidemie zu Barmen.

§. 183. In dem Winter 1897—28 herrschte eine Kindbettfieber-Epidemie zu Neuenhaus im Deutheimischen und in der Umgegend. Von 17 Fällen endeten 12 tödtlich.

§. 184. In demselben Winter, und mehr noch in dem folgenden beobachtete Ferguson das Kindbettfieber in London, sowohl im Spital als in der Stadt. Sectionen wurden gemacht.

§. 185. In Stockholm herrschte das Kindbettfieber in den Jahren 1826 bis 1829, in Dublin in den Jahren 1828 und 1829. 1828 Wöchnerinen 2856, Todte 43=1,50% oder 1 von 66⁸⁄₄₃. 1829 Wöchnerinen 2141, Todte 34=1,59% oder 1 von 62³³⁄₃₄. In Birmingham in den Jahren 1829 und 1830, in Hannover 1829.

§. 186. Im Jahre 1829 richtete eine Kindbettfieber-Epidemie in der Maternité zu Paris große Verwüstungen an. Von 2788 Wöchnerinen starben 252=9,03% oder 1 von 11¹⁶⁄₂₅₂. 222 wurden secirt.

§. 187. Im Jahre 1830 wurden in der Maternité zu Paris 2693 Wöchnerinen verpflegt, davon star- ben 122=4,45% oder 1 von 22%/$_{122}$, im Jahre 1831 wurden 2907 Wöchnerinen verpflegt, da- von starben 254=8,73% oder 1 von 11^{113}/$_{254}$.

§. 188. Im Jahre 1830 starben im Prager Gebär- hause von 998 Entbundenen 32=3,20% oder 1 von 31%/$_{32}$. Sectionen wurden gemacht.

§. 189. Im Jahre 1830 und 31 herrschte das Kind- bettfieber im Gebärhause zu Dresden. 21 Wöch- nerinen starben. Sectionen wurden gemacht.

§. 190. 1830 und 1831 herrschte das Kindbettfieber im Entbindungshause zu Gießen, von 25 Er- krankten starben 6. Sectionen wurden gemacht.

§. 191. In den Jahren 1829 bis 1831 herrschte das Kindbettfieber im Pensylvanian-Hospitale zu Phi- ladelphia. Im Jahre 1830 zu Kiel.

§. 192. Robertson erzählt zum Beweise der Contagio- sität des Kindbettfiebers folgendes: „Vom 3. De- cember 1830 bis zum 4. Jänner 1831 besorgte eine Hebamme in Manchester 30 Wöchnerinen im Auftrage einer wohlthätigen Anstalt, 16 von ihnen bekamen das Puerperalfieber, und star- ben sämmtlich. In demselben Monate wurden 380 Frauen durch Hebammen jener Anstalt ent- bunden, aber keine der anderen Wöchnerinen litt im geringsten Grade. Im Herbste desselben Jah- res herrschte in Aylesburg ein contagiöses Kind- bettfieber, gleichzeitig mit Erysipelas. Nach Ceely's Angabe erwiesen sich beide Krankheiten

6*

76

als identisch; das Erysipelas-Contagium rief bei Wöchnerinen Puerperalfieber hervor und umgekehrt. Sectionen wurden gemacht.

§. 193. Im Winter 1832 erschien das Kindbettfieber im Gebärhause zu München. Sectionen wurden gemacht.

§. 194. Im Jahre 1732 herrschte in Bonn eine Kindbettfieber-Epidemie. Sie begann in der Stadt in den letzten Tagen des April und dauerte bis zum Anfang des Juni. Sie verschonte nur wenige Wöchnerinen und von 7 Befallenen genasen nicht mehr als drei. Nachdem sie in der Stadt beinahe erloschen war, wurde im Juni noch ein Krankheitsfall in einem benachbarten Dorfe (Poppelsdorf), und 5 in dem Entbindungs-Institute, das beim Beginne der Epidemie der Ferien wegen fast leer gestanden hatte, beobachtet. Sectionen wurden gemacht.

§. 195. In demselben Jahre erkrankten im Entbindungshause zu Stockholm 16 Wöchnerinen am Kindbettfieber, von denen 11 starben. Eine Verschleppung der Krankheit durch die Zöglinge der Anstalt wurde mehrmals beobachtet. Das Erkranken ließ nach, als eine alte, bis dahin vernachläßigte Ordnung, nach welcher jede Wöchnerin mit einem besonderen, zum Bette gehörigen Schwamme gereinigt und mit ihrem eigenen Handtuche abgetrocknet werden sollte, wieder eingeführt wurde.

§. 196. Im Februar und März 1833 beobachtete Hodge das Kindbettfieber im Pensylvanian-Ho-

spitale zu Philadelphia. Von 8 Fällen liefen 5
tödtlich ab. Sectionen wurden gemacht.

§. 197. Im Jahre 1831, 1832 1833 herrschte im
Wiener Gebärhause eine Kindbettfieber-Epidemie.

1831 Wöchnerinen 3353, Todte 222=6,62 oder 1 von $15^{23}\!/_{222}$.
1832 „ 3331 „ 105=3,15 „ 1 „ $31^{76}\!/_{105}$.
1833 „ 3907 „ 205=5,25 „ 1 „ $19^{12}\!/_{205}$.

§. 198. Im Wiener Gebärhause herrschte das Kindbettfieber auch 1834, Wöchnerinen 4218 (beide
Abtheilungen summirt), Todte 355=8,41% oder
1 von $11^{313}\!/_{355}$.

§. 199. Im Jahre 1834 starben in dem neuen Gebärhause zu Dublin von 9 Erkrankten 3. Auch in
der Maternité zu Paris wurde eine Kindbettfieber-Epidemie in diesem Jahre beobachtet.

§. 200. Im Jahre 1834 herrschte das Kindbettfieber
in Bamberg, sowohl im Gebärhause, als in der
Stadt. Von 13 Befallenen starben 9. Sectionen
wurden gemacht.

§. 201. In diesem § wird von einem epidemischen Gal-
lenfieber gesprochen, welches auch die Wöchnerinen befiel.

§. 202. In den Jahren 1833 bis 1835 starben im
Prager Gebärhause 110 Wöchnerinen am Kindbettfieber.

§. 203. Vom September 1834 bis zum März 1835
und im Winter 1835—36 beobachtete Michaelis
eine Kindbettfieber-Epidemie in Kiel. In der ersten Epidemie starben 12 Wöchnerinen,

§. 204. Ferguson in London verlor um dieselbe Zeit von 70 Erkrankten 23 im Spitale.

§. 205. Im März 1835 erschien das Kindbettfieber in dem Entbindungshause zu Hannover. 9 Sectionen wurden gemacht.

§. 206. Im März desselben Jahres starben im Entbindungshause zu Göttingen 3 Wöchnerinen. Auch in München zeigte sich das Kindbettfieber.

§. 207. Im Herbste desselben Jahres erschien das Kindbettfieber im Gebärhause zu Würzburg. Von 10 Erkrankten starben 4. Sectionen wurden gemacht.

§. 208. 1836 wurden in Wien 4144 Wöchnerinen verpflegt, 331 starben, also 7,08% oder 1 von $12^{172}/_{331}$.

§. 209. Im Jahre 1833 herrschte das Kindbettfieber in Birmingham. Von 26 schwer Erkrankten starben 18. In der ganzen Zeit beobachtete man das Erysipelas sehr häufig, sowohl in der Stadt, als in den Spitälern, namentlich waren alle Verwundeten demselben ausgesetzt.

Jngleby betrachtet beide Krankheiten als identisch und theilt eine Reihe von Fällen mit, wo nach seiner Meinung Aerzte, die unmittelbar von Erysipelas-Kranken zu Kreißenden oder Wöchnerinen gingen, Veranlassung wurden, daß diese am Kindbettfieber erkrankten. Acht Leichen wurden secirt.

§. 210. In der Rotunda in Dublin wurden im Jahre 1836 1810 Wöchnerinen verpflegt, 36 starben 1,98%, oder 1 von $50^{10}/_{36}$. 1837 starben von

1833 verpflegten Wöchnerinen 24=1,30% oder 1 von 76⅔₄.

§. 211. Sidey verlor im Jahre 1837 in Edinburg von 5 am Kindbettfieber erkrankten Wöchnerinen 4. Sectionen wurden gemacht.

§. 212. Im Jahre 1837 starben im Entbindungshause zu Dresden 13 Wöchnerinen an Kindbettfieber. Auch im Gebärhause zu Würzburg wurden mehrere Fälle von Kindbettfieber beobachtet.

§. 213. Im Winter 1837—38 herrschte eine Kindbettfieber-Epidemie in Greifswald, von 28 Erkrankten starben 8, 5 wurden secirt.

§. 214. Im Jahre 1838 beobachtete Ferguson eine Kindbettfieber-Epidemie in London, von 26 Erkrankten starben 20. Sectionen wurden gemacht.

§. 215. Im Jahre 1838 erschien das Kindbettfieber wieder im Gebärhause zu Dresden. Von 24 Erkrankten starben 7. Sectionen wurden gemacht.

§. 216. Im Jahre 1838 starben im Gebärhause zu Stockholm 6 Wöchnerinen am Kindbettfieber.

§. 217. Im Jahre 1838 beobachtete Voillemir eine Kindbettfieber-Epidemie in dem Hospitale der Klinik zu Paris. 32 Sectionen wurden gemacht.

§. 218. Im Jahre 1838 herrschte das Kindbettfieber epidemisch im Gebärhause zu Prag. Von 138 Erkrankten starben 29.

§. 219. Im Jahre 1839 erschien das Kindbettfieber im Entbindungs-Institute zu Dresden. Von 24 schwer

Erkrankten starben 15. Sectionen wurden gemacht.

§. 220. 1840 herrschte das Kindbettfieber im Hôtel-
Dieu zu Paris. Sectionen wurden gemacht.

§. 221. 1840 herrschte das Kindbettfieber in Copen-
hagen, in Prag, von 73 Ergriffenen starben 16.
In Würzburg fand man bei 2 Sectionen Metrophlebitis.

§. 222. Im Jahre 1840 herrschte das Kindbettfieber
in der Entbindungsanstalt der Universität in
Berlin. Von 10 Befallenen wurde nur eine gerettet. Auch in der geburtshilflichen Abtheilung
der Charité kam das Kindbettfieber vor.

§. 223. Im Jahre 1840 starben an der I. Gebärklinik zu Wien von 2889 verpflegten Wöchnerinen $267 = 9{,}24\%$ oder 1 von $10^{217}/_{267}$ Wöchnerinen.

§. 224. Im Jahre 1841 erschien das Kindbettfieber
im Gebärhause zu Halle. Von 11 Verstorbenen
wurden 9 secirt.

Der Leser sieht, wie kleinlich sich diese von Litzmann aufgezählten Pseudo-Kindbettfieber-Epidemien
ausnehmen, im Vergleiche mit den großartigen Leistungen der Gebrüder Braun in der Vertilgung des
gebärenden Geschlechtes und der noch ungebornen Kinder.

Das Jahr 1840 der I. Gebärklinik zu Wien und
das Hôtel-Dieu und die Maternité in Paris ausgenommen, stehen die übrigen Pseudo-Kindbettfieber-Epidemien weit hinter der Sterblichkeit des Jahres 1854
zurück.

Vom Wiener Gebärhause habe ich nachgewiesen, vom Hôtel-Dieu und von der Maternité hat die eben angeführte Geschichte des Kindbettfiebers nachgewiesen, daß die Ursache der Kindbettfieber ein zersetzter thierisch-organischer Stoff sei, welcher in der überwiegend größten Mehrzahl der Fälle den Individuen von Außen beigebracht, und wenn dieser zersetzte thierisch-organische Stoff sieben Jahre nach Entdeckung der Lehre, wie dieser zersetzte thierisch-organische Stoff unschädlich zu machen sei, noch solche Verheerungen in Wien anrichtet, so kann der Leser daraus entnehmen, welch schwere Verantwortung auf den Gebrüdern Braun lastet.

Die Sterblichkeit des Jahres 1854 kann mit der Sterblichkeit des Hôtel-Dieu nicht verglichen werden, weil die Zahl der Wöchnerinnen und der Todesfälle des Hôtel-Dieu nicht angegeben ist.

Im §. 95 wird nur gesagt, daß die Sterblichkeit unter den Neuentbundenen sehr groß gewesen sei, und daß sich besonders das Jahr 1664 verheerend zeigte.

Im §. 99 wird gesagt, daß 1746 das Kindbettfieber im Hôtel-Dieu herrschte, und im Februar von 20 Erkrankten kaum eine gerettet wurde.

Im §. 109 wird gesagt, daß vom Jahre 1774 bis 1786 das Kindbettfieber im Hôtel-Dieu herrschte, und daß zu manchen Zeiten von 12 Wöchnerinnen 7 von dieser furchtbaren Krankheit befallen wurden.

Im §. 110 wird das Hôtel-Dieu die Wiege und Herberge des Kindbettfiebers genannt.

Im §. 140 wird gesagt, daß 1808 im Hôtel-Dieu vom 19. Februar bis 20. März von 39 Erkrankten 36 starben. In der ersten Hälfte des Jahres 1811 starben von **25 Erkrankten 23**.

Im §. 220 wird gesagt, daß im Jahre 1840 das Kindbettfieber im Hôtel-Dieu herrschte. 5 Sectionen wurden gemacht.

Die Sterblichkeit des Jahres 1854 kann mit der Sterblichkeit in der Maternité verglichen werden, weil wir aus der Maternité Zahlenrapporte besitzen. Im §. 140 wird gesagt, daß vom 9. December 1797 bis zum 31. Mai 1809, also in einem Zeitraume von 11 Jahren und 6 Monaten in der Maternité 17,308 Wöchnerinen verpflegt wurden, von welchen 700 starben, also 4,04% oder 1 von $24^{508}/_{700}$ Wöchnerinen. In den 5 Jahren von 1803 bis 1808 wurden verpflegt 9645 Wöchnerinen, 414 starben, also 4,29% oder 1 von $23^{119}/_{414}$ Wöchnerinen; wenn wir diese 5 Jahre von den 11 Jahren und 6 Monaten abziehen, so wurden in den bleibenden 6 Jahren und 6 Monaten 7663 Wöchnerinen verpflegt, gestorben sind 286=3,73% oder 1 von $26^{227}/_{266}$ Wöchnerinen.

Im §. 186 wird gesagt, daß das Kindbettfieber in der Maternité im Jahre 1829 große Verwüstungen anrichtete. Von 2788 Wöchnerinen starben 252= 9,03% oder 1 von $11^{16}/_{252}$ Wöchnerinen.

Im §. 187 wird gesagt, daß im Jahre 1830 von 2693 in der Maternité Verpflegten 122 starben = 4,45% oder 1 von $22^{9}/_{122}$ Wöchnerinen.

Wenn wir uns um Kindbettfieber-Epidemien umsehen, welche von Litzmann nicht erwähnt wurden, so finden wir in den 105 Jahren des Wiener Gebärhauses bis zum letzten December 1860 beide Abtheilungen genommen, in der Zeit vor Einführung der Chlorwaschungen zwei Jahre, in welchen die Sterblichkeit noch größer war, als im Jahre 1854.

1846. Wöchnerinen 4010, Todte 459=11,4% oder 1 von 8^{338}/$_{459}$
1842. „   3287 „ 518=15,8% „ 1 „ 6^{179}/$_{518}$

Innerhalb der 306 Jahre, von welchen wir die Rapporte aus Großbrittanien besitzen, kommt ein Jahr vor, in welchem die Sterblichkeit gleich war der Sterblichkeit des Jahres 1854, in zwei Jahren war die Sterblichkeit größer.

Queen Charlotte's Lying im Hospital.

1849. Wöchner. 161, Todte 16=9,93% oder 1 von 10^1/$_{16}$ Wöchn.

General Lying im Hospital.

1841. Wöchn. 117, Todte 15=12,82% oder 1 von 7^{12}/$_{15}$ Wöchn.
1838. „   71 „ 19=26,76% „ 1 „ 3^{11}/$_{19}$ „

Vom Prager Gebärhause besitzen wir die Jahres=Rapporte beider Abtheilungen vom 1. Jänner 1855 bis letzten December 1860, also von 6 Jahren; in einem Jahre war die Sterblichkeit gleich, in zwei Jahren war die Sterblichkeit größer, als im Wiener Ge=bärhause im Jahre 1854.

Klinik für Hebammen. Prof. Dr. Joh. Streng.

1858. Wöchn. 1033, Todte 135=13,07 oder 1 von 7^{88}/$_{135}$ Wöchn.

Klinik für Aerzte. Prof. Dr. Bernard Seyfert.

1859. Wöchn. 1915, Todte 175=9,24% aber 1 von 10^{165}/$_{175}$ Wöch).
1858. „   1905 „ 204=10,70% „ 1 „ 9^{61}/$_{204}$ „

Wenn wir die größten Sterblichkeiten aneinan=der reihen, so gibt das folgende Tabelle:

Klinik für Aerzte in Wien.

1842. Wöchn. 3287, Todte 518=15,8% oder 1 von 6^{179}/$_{518}$ W.
1846. „   4010 „ 459=11,4% „ 1 „ 8^{338}/$_{459}$ „
1854. „   4393 „ 400=9,10% „ 1 „ 10^{393}/$_{400}$ „
1840. „   2889 „ 267=9,24% „ 1 „ 10^{219}/$_{267}$ „

General Lying im Hoſpital.

1838. Wöch̶n. 71 Todte 19=26,76% oder 1 von 3¹¹/₁₉ Wöch̶n.

Klinik für Hebammen. Prag.

1858. Wöch̶n. 1033, Todte 135=13,07% oder 1 von 7⁸³/₁₃₅ W.

General Lying im Hoſpital.

1841. Wöch̶n. 117, Todte 15=12,82% oder 1 von 7¹²/₁₅ Wöch̶.

Klinik für Aerzte. Prag.

1858. Wöch̶n. 1905, Todte 204=10,70% oder 1 von 9⁶⁵/₂₀₄ W.
1859. Wöch̶n. 1915, Todte 175=9,24% oder 1 von 10¹⁶⁵/₁₇₅ W.

Queen Charlotte's Lying im Hoſpital.

1849. Wöch̶n. 161, Todte 16=9,90% oder 1 von 10¹/₁₆ Wöch̶n.

Maternité in Paris.

1829. Wöch̶n. 2788, Todte 252=9,03% oder 1 von 11¹⁶/₂₅₂ W.
1830.   „   2693   „   122=4,45%   „ 1 „ 22²/₁₂₂ „
1803-8 „   9645   „   414=4,29%   „ 1 „ 23¹¹⁵/₄₁₄ „
1797-1809 „ 17,308 „   700=4,04%   „ 1 „ 24⁵⁰¹.₇₀₀ „
1797-1809
abgerechnet
1803-1808 W. 7663, Todte 286=3,73% oder 1 von 26²²⁷/₃₈₆.

Dieſe Tabelle beweiſet, daß die größte Sterblichkeit, ſeit es Pſeudo-Kindbettfieber-Epidemien gibt, ſich
an der Klinik für Aerzte zu Wien im Jahre 1842 ereignete, es ſtarb eine Wöchnerin von ſechs Wöchnerinen. Und wenn auch im General Lying im Hoſpital
im Jahre 1838 von 71 Wöchnerinen 19 ſtarben, folglich 1 von 3, ſo iſt doch in Anbetracht, daß an der Klinik für Aerzte 3216 Wöchnerinen mehr verpflegt wurden, die Sterblichkeit an der Klinik für Aerzte bedeutend größer geweſen.

Die Sterblichkeit des Jahres 1854 an der Klinik für Aerzte zu Wien, eine von 10 Wöchnerinen,

sieben Jahre nach Entdeckung der Lehre, wie eine solche Sterblichkeit abzuschaffen sei, ist die dritt größte Sterblichkeit, seit es Pseudo-Kindbettfieber-Epidemien gibt.

Im General Lying im Hospital starb im Jahre 1838 1 von 3 Wöchnerinen, aber in diesem Gebärhause wurden 4322 Wöchnerinen weniger verpflegt.

In der Klinik für Hebammen zu Prag starb im Jahre 1858, 1 von 7 Wöchnerinen. Aber es wurden 3360 Wöchnerinen weniger verpflegt.

Im General Lying im Hospital starb 1841, 1 von 7 Wöchnerinen, aber es wurden 4276 Wöchnerinen weniger verpflegt.

An der Klinik für Aerzte zu Prag starb im Jahre 1858 1 von 9 Wöchnerinen, aber es wurden 2488 Wöchnerinen weniger verpflegt.

Im Queen Charlotte's Lying im Hospital starb im Jahre 1849 1 von 10 Wöchnerinen, aber es wurden 4232 Wöchnerinen weniger verpflegt.

An der Klinik für Aerzte zu Prag starb im Jahre 1859 1 von 10 Wöchnerinen, aber es wurden 2378 Wöchnerinen weniger verpflegt.

An der Klinik für Aerzte zu Wien starb im Jahre 1840 1 von 10 Wöchnerinen, aber es wurden 1503 Wöchnerinen weniger verpflegt.

Scanzoni hat bekanntlich 8000 Geburten in Prag beobachtet; von 2721 Wöchnerinen starben 86 am Kindbettfieber. Von 5297 Wöchnerinen starben so viele am Kindbettfieber, daß Scanzoni, obwohl er eilf verschiedene Species von Kindbettfieber hat, er dennoch blos an Endomitritis hunderte von Wöchnerinen erfolglos behandelte, so wie Scanzoni hunderten

86

von Sectionen verstorbener Wöchnerinen beizuwohnen Gelegenheit hatte. Ich bedauere aufrichtig, daß Scanzoni uns nicht ziffermäßig die Zahl der am Kindbett=fieber Verstorbenen mittheilte, vielleicht hätte ich dann sagen können, die größte Sterblichkeit am Kindbett=fieber, seit es Pseudo=Kindbettfieber=Epidemien gibt, ereignete sich an der Klinik für Aerzte zu Prag, zur Zeit, als Scanzoni dort als Lebensretter wirkte.

Mit der dritt größten Sterblichkeit, seit es Pseu=do=Kindbettfieber=Epidemien gibt, unter Gustav Braun, im Jahre 1854, sieben Jahre nach Entdeckung der Leh=re, wie diese Pseudo=Kindbettfieber=Epidemien abzu=schaffen seien, ist das Unglück noch immer nicht abge=schlossen, welches die Unredlichkeit Carl Braun's da=durch über die Wöchnerinen der I. Klinik bringt, daß er gegen seine bessere Ueberzeugung seinen Schülern gegenüber gegen meine Lehre spricht.

Im Herbste des Jahres 1861, also im fünfzehnten Jahre nach Entdeckung der Lehre, wie die Pseudo=Kind=bettfieber=Epidemien abzuschaffen seien, herrschte wie=der an der I. Klinik eine Pseudo=Kindbettfieber=Epi=demie, welche die Wöchnerinen in Aufsehen erregender Anzahl dahinraffte. Während ich in diesem Schuljahre, einen Todesfall in Folge von Eclampsie abgerechnet und abgerechnet einige Wöchnerinen, welche an vier=undzwanzig bis sechsunddreißig stündiger Gefäßanre=gung litten, keine einzige am Kindbettfieber leidende Wöchnerin hatte, folglich auch keine am Kindbettfie=ber vorstorbene Wöchnerin zu beklagen habe.

Dazu kommt noch, daß die Schüler des Hofrath Oppolzer's mit äußerst gefährlichen Irrthümern über das Kindbettfieber die I. Klinik betreten.

In der ersten Nummer der Spitals-Zeitung 1862 läßt der Dr. R. Referent, in einem Vortrage über Kindbettfieber dem Hofrathe Oppolzer folgendes sagen: „Das Wesentliche des Puerperalfiebers besteht in einer durch meist unbekannte Einflüsse bewirkten chemischen und mikroskopischen Veränderung des Blutes 2c. 2c." Es üben jetzt 1074 Schülerinen von mir die geburtshilfliche Praxis als Hebammen in Ungarn aus, es wissen daher die Hebammen in den entlegensten Dörfern Ungarns, daß jeder Fall von Kindbettfieber durch die Resorbtion eines zersetzten thierisch-organischen Stoffes entstehe, welcher zersetzte thierisch-organische Stoff die chemische und mikroskopische Veränderung des Blutes bewirkt. Hofrath Oppolzer in Wien weiß das aber nicht. Sollte damit vielleicht Prof. Braun von der schweren Verantwortung, welche auf ihm lastet, befreit werden, so wird das Hofrath Oppolzer nicht gelingen. Solch ein scandalöser Ausspruch dient nur dazu, Hofrath Oppolzer zum Mitschuldigen an den Leichenhaufen zu machen, mit welchen die I. Gebär-Klinik die Todtenkammer des allgemeinen Krankenhauses so dicht bevölkert.

Carl Braun sah sich veranlaßt, einen Bericht über die herrschende Pseudo-Kindbettfieber-Epidemie an die Krankenhaus-Direction zu erstatten.

In diesem Bericht heißt es: *) Während des Monats October 1861 standen 65 Puerperalfieberkranke in Behandlung, wovon 50 in der Zeit von 8 Tagen und zwar vom 22. bis Ende October erkrankten. Mit 1. November brachte Carl Braun meinen

---

*) Oesterreichische Zeitschrift für practische Heilkunde Nr. 47.

oberſten Grundſatz der Verhütungslehre des Kindbettfiebers „bringt den Individuen keine zerſetzten thieriſch-
organiſchen Stoffe von Außen ein", dadurch in Anwendung, daß er allen Studirenden jede Vaginalexploration unterſagte, daß er alle Operationsübungs-
curſe der geburtshilflichen Docenten und Aſſiſtenten
ſiſtirte, daß er Desinfectionsmittel in Anwendung
brachte, um die Hände, die Luft und die Utenſilien der
Wöchnerinen zu desinficiren. Und welch guten Erfolg
die Anwendung, in dieſer Form, meines oberſten
Grundſatzes der Verhütungslehre des Kindbettfiebers
„bringt den Individuen keine zerſetzten thieriſch-organi-
ſchen Stoffe von Außen ein," hatte, geht daraus hervor,
daß Ferdinand Silas, welcher aus Paris in Wien den
12. November 1861 eintraf, ſagt: *) „Während deſ-
ſen hatte aber die Epidemie ſchon nachgelaſſen, und
konnten daher die Räucherungen mit dem Rimmel'ſchen
Liquid kein wirklich concluſives Reſultat abgeben."
Und es war ein Glück für Fe.dinand Silas, daß die
Pſeudo-Kindbettfieber-Epidemie bei ſeiner Ankunft in
Wien den 12. November ſchon nachgelaſſen hatte, dem
Ferdinand Silas wäre es nicht gelungen, die Pſeudo-.
Epidemie aufhören zu machen, weil er alles räuchert,
nur den unterſuchenden Finger nicht. So wie Carl
Braun füglich alle Vorſichtsmaßregeln hätte unterlaſ-
ſen können, nachdem er allen Studierenden jede Va-
ginalexploration unterſagt hatte, und die Pſeudo-Epi-
demie hätte ebenſo bald aufgehört.

Nach Carl Braun beginnt die Pſeudo-Kindbettfieber-Epidemie wie alljährlich im Herbſte, dauert den

---

*) Wiener mediciniſche Wochenſchrift Nr. 48.

ganzen Winter hindurch, und endet im Frühjahre mit
dem Beginn der warmen Jahreszeit ohne eruirbare
Ursache. Das heißt: Wie alljährlich beginnt im Herbste
im October das Schuljahr, wo die Schüler mit fri-
schem Eifer sich mit Dingen beschäftigen, welche ihre
Hände mit zersetzten Stoffen verunreinigen, das dauert den ganzen Winter hindurch, bis im Frühjahre mit
Beginn der warmen Jahreszeit, die Landpartien der
Studenten beginnen, und mit den beginnenden Landpartien erkaltet der Eifer in den Beschäftigungen mit
Dingen, welche die Hand mit zersetzten thierisch-organischen Stoffen verunreinigen.

Die Ursache des alljährlichen Beginnens der Pseudo-Epidemie im Herbste, und des Fortdauerns während des Winters, sind die im Herbste beginnenden
und im Winter fortdauernden Beschäftigungen der
Schüler mit Dingen, welche ihre Hände mit zersetzten
thierisch-organischen Stoffen verunreinigen, und die
nicht eruirbare Ursache, in Folge welcher im Frühjahre
mit Beginn der warmen Jahreszeit die Pseudo-Kindbettfieber-Epidemie aufhört, sind die Landpartien der
Studenten, in Folge welcher der Fleiß erkaltet.

Im Frühjahre hört die Pseudo-Epidemie auf,
weil seltener mit von zersetzten thierisch-organischen
Stoffen verunreinigten Fingern untersucht wird. Wenn
man schon im November allen Studierenden jede
Vaginalexploration untersagt, so verhütet man schon
im November die Einbringung zersetzter thierisch-organischer Stoffe von Außen in die Individuen, und in
Folge dessen wird die Pseudo-Kindbettfieber-Epidemie
nicht erst im Frühjahre mit Beginn der warmen Jahreszeit, sondern schon im November aufhören.

Trotzdem, daß Carl Braun meine Lehre mit Er-

7

folg in dieser Pseudo-Epidemie beobachtete, erlaubt sich Carl Braun, seiner gewohnten Unredlichkeit ent= sprechend, Bemerkungen gegen meine Lehre in dem Be= richte an die Krankenhaus=Direktion. Dieser Unglückli= che sagt: „2. Alle Operationsübungscurse der ge= burtshilflichen Docenten und Assistenten am Cadaver werden vom 1—15. November sistirt. Obwohl die viel= jährigen Erfahrungen zeigten, daß der practische Un= terricht der Medicin als eine Ursache vermehrter Er= krankung nicht angesehen werden konnte, so hielt der Vorstand der Klinik doch diese Vorsicht für nöthig."

„a. Obwohl verdünnte Lösungen von Chlorkalk in offenen Gefässen von Autoritäten in der Chemie für unpassend zur Zerstörung organischer Stoffe, und des üblen Geruches angesehen werden, und ihre practische Unwirksamkeit in Wien 1854—55, so wie an ande= ren Universitäten erwiesen, so wurde dasselbe dennoch in die Waschbecken gebracht."

Im Jahre 1848 benützte ich verdünnte Lösungen von Chlorkalk in offenen Gefäßen, es starben 45 Wöchnerinen von 3556 Wöchnerinen, also 1,27% oder 1 von 79$\frac{1}{45}$ Wöchnerinen. Im Jahre 1854 starben 400 Wöchnerinen von 4393 Wöchnerinen, also 9,10% oder 1 von 10$\frac{393}{400}$ Wöchnerinen.

Im Jahre 1855 starben 198 Wöchnerinen von 3659 Wöchnerinen, also 5,41% oder 1 von 18$\frac{95}{198}$ Wöchnerinen.

Ist die größere Sterblichkeit der Jahre 1854 und 55 im Vergleiche zum Jahre 1848 der Unwirksamkeit des Chlor's? oder der Unredlichkeit Gustav Braun's zuzuschreiben, welcher durch seine Bemerkungen gegen die Chlorwaschungen die Schüler verhinderte, sich ge= wissenhaft zu waschen? Carl Braun sagt: „Trotz aller

dieser obenangeführten außerordentlichen Maßregeln
erkrankten vom 1. bis 15. November von 253 verpflegten Wöchnerinen neuerdings 48." Und damit
glaubt Carl Braun bewiesen zu haben, daß die obenangeführten, meiner Lehre entnommenen außerordentlichen Maßregeln erfolglos geblieben seien; aber dieser
schlechte Mensch ignorirt, daß die 48 Wöchnerinen, welche im November erkrankten, im October inficirt wurden, wo die obenangeführten außerordentlichen Maßregeln noch keine Anwendung fanden; am 12. November konnte ja Ferdinand Silas das Rimmel'sche Liquid nicht mehr in Anwendung bringen, weil die Epidemie schon nachgelassen.

Die Redaction der „Oesterreichischen Zeitschrift
für practische Heilkunde", worunter Prof. Patruban zu
verstehen ist, macht zu dem Berichte Carl Braun's an
die Krankenhaus-Direktion folgende Anmerkung: „Wir
hielten es für zeitgemäß, über den Gang dieser Epidemie sogleich zu berichten, einerseits, um argen Gerüch-
ten vorzubeugen, andererseits, um aus den von dem
würdigen Vorstande der I. Klinik getroffenen, höchst lo-
benswerthen Vorsichtsmaßregeln zu beweisen, welch'
argen Täuschungen sich Prof. Semmelweis in Pesth,
bezüglich der Unfehlbarkeit seiner Praeservative hin-
gegeben, und wie es durchaus nicht an der Zeit war,
jene zwei berüchtigten Sendschreiben auszustreuen, deren Inhalt den Verfasser selbst gerichtet hat."

Der Leser sieht, daß Carl Braun dadurch den
Prof. Patruban in Betreff der Unfehlbarkeit meiner
Praesevative täuschte, daß er sagte: „Troß aller dieser
obenangeführten außerordentlichen Maßregeln erkrank-
ten vom 1. bis 15. November von 253 verpflegten
Wöchnerinen neuerdings 48." Daß diese 48 Wöchne-

rinen im Oktober inficirt wurden, und im November
erkrankten, sagt Carl Braun nicht, und Ferdinand
Silas sagt, daß im 12. November die Epidemie schon
nachgelassen hatte, zum unumstößlichen Beweise der
Unfehlbarkeit meiner Praeservativen, um Pseudo-Kindbettfieber-Epidemien zu verhüten, oder auch schon herrschende Pseudo-Kindbettfieber-Epidemie zu unterdrü-
cken. Die arge Täuschung in Betreff der Unfehlbarkeit
meiner Praeservativen ist daher nicht auf meiner Seite, sondern auf Seite des Prof. Patruban, und auf
Carl Braun's Seite ist der Betrug.

Auch der Inhalt der beiden berüchtigten Sendschreiben hat nicht mich, sondern meine Gegner verur-
theilt. Im Jahre 1854 sind 400 Wöchnerinen ohne
Aufsehen ins Grab gestiegen, ich habe diese Sterblichkeit erst im Jahre 1860, als ich mir die betreffenden
Rapporte verschaffte, erfahren. Nach dem Erscheinen
meines Werkes, und nach der Ausstreuung jener zwei
berüchtigten Sendschreiben machten 113 Erkrankungen
vom 1. Oktober bis 15. November 1861, von welchen
im Gebärhause 48 starben, schon so ein Aufsehen, daß
Carl Braun sich gezwungen sah zu meiner Lehre zu flüch-
ten, und wie aufrichtig Carl Braun meine Lehre be-
folgte, das hatten wir eben Gelegenheit zu beweisen.
Solch glänzende Erfolge beweisen mir, daß ich auf
dem richtigen Wege bin, um endlich das gebärende
Geschlecht, und die ungeborne Frucht vor einem früh-
zeitigen, verbrecherischen Tode zu bewahren; solch
glänzende Erfolge legen mir die Pflicht auf, auf diesem Wege, welchen ich betreten, fortzuschreiten, bis ich
das Ziel erreicht. Uebrigens hat es mich nicht überrascht,
daß der Schleppträger eines Landolfi, Prof. Patruban,
von Carl Braun getäuscht, so stupide geurtheilt.

(Fortsetzung und Schluß folgt.)